U0182829

科学家给孩子的
12 封信

家门口的植物课

史军 著

中国大百科全书出版社

图书在版编目（CIP）数据

家门口的植物课 / 史军著. -- 北京：中国大百科
全书出版社，2021.5
（科学家给孩子的12封信）
ISBN 978-7-5202-0955-7

Ⅰ. ①家… Ⅱ. ①史… Ⅲ. ①植物－青少年读物
Ⅳ. ①Q94-49

中国版本图书馆CIP数据核字(2021)第073894号

家门口的植物课

出 版 人	刘国辉
策 划 人	刘金双　朱菱艳
责任编辑	海艳娟
特约编辑	王　艳
插图绘制	梁瀚园　拾　落　颖　儿
设计制作	锋尚设计　张倩倩
责任印制	邹景峰

出版发行　中国大百科全书出版社有限公司
　　　　　　（北京市阜成门北大街17号　邮编：100037　电话：010-88390759）
印　　刷　北京市十月印刷有限公司
开　　本　880mm×1230mm　1/32　印　张　6.5
版　　次　2021年5月第1版　　　印　次　2021年5月第1次印刷
字　　数　70千　　　　　　　　 书　号　ISBN 978-7-5202-0955-7
定　　价　35.00元

你是否觉得，

植物学高深莫测、遥不可及？

其实不然，

植物就在我们身边。

只要你留意，

就会发现，

一花一叶皆藏奥秘，

一草一木总有玄机。

妈妈养的吊兰为你净化空气，

爸爸喝的菊花茶拥有变色"魔力"。

春天的樱花，夏日的月季，

仲秋的银杏，隆冬的雪松，

每一个岁月里，

都有植物静静陪伴你。

与史军一起，

走进家门口的植物课，

让绿色不再呆板，

让花朵不再孤寂，

让你的世界更加丰富和美丽！

目录

一月
坚守

在我们享受美好生活的时候，有些人必须坚守在岗位上。地铁运营结束后的轨道和车辆检修人员，大年三十急诊室里的医生和护士，极夜下南极中山站的科学研究人员……很多你看到的、看不到的人时刻在坚守。我们的鸿雁传书，就从一月的"坚守"开始吧。

"同名同姓"的冬青

　　坚守让社会正常运转，以便人类探知更多的世界奥秘，有更多应对环境变化的机会和可能。同人类一样，在万物萧索的秋冬时节，依然有植物在坚守。它们并没有抖落身上的叶片，反而迎着风雪展示自己的翠绿，甚至在风雪来临之时，绽放出自己的花朵，热火朝天地繁育下一代了。冬青和雪松就是这些植物的代表。

　　冬青大概是北方大地最常见的绿篱植物了，公路两旁、楼宇周边、公园内外，到处都有冬青的身影。但是，细心的你可能会发现一个问题，名为"冬青"的植物似乎长得不是一个模样：有的叶子大，有的叶子小，有的个头高，有的个头矮。为什么冬青之间有如此大的差别？这个问题肯定困扰着很多对绿化带"有爱"的小朋友，更是家长们也很难解释的问题。

　　其实答案很简单，因为被我们称为"冬青"的植物远远不止一种，它们分属卫矛科和黄杨科。它们被称为"冬青"，仅仅因为它们的叶子在冬季保持绿色而已，其中最常见的就属冬青卫矛和小叶黄杨了。

我们先来了解一下卫矛科和黄杨科最明显的区别——果实。卫矛科植物的种子外面通常有一层鲜艳的红色假种皮，而黄杨科植物的种子是没有这种"装备"的。知道这个区别，你就很容易判断到底谁是卫矛、谁是黄杨了。

冬青卫矛（左）的花为聚伞花序，与小叶黄杨（右）的花明显不同。

在北京路边你经常看到的叶片宽大的冬青，就是冬青卫矛，它的白色果子在成熟之时会"吐出"裹着鲜红色假种皮的种子，这就是卫矛科植物的典型特征。不过，通常大家不会称其为冬青卫矛，而称它"大叶黄杨"。

冬青卫矛确实有一个异名，或者说是曾用名，就是大叶黄杨。后来，黄杨科的另一种植物也被命名为"大叶黄杨"。这种现象在分类学上很常见，比如我们在《中国植物志》上搜索"地锦"这个名字，就会发现两种完全不一样的植物。如果你想解决这个问题，学习拉丁学名是最靠谱的方法。

那些叶子只有小拇指尖大的冬青就是小叶黄杨了。小叶黄杨是黄杨的变种，与黄杨的区别在于叶子比较小。小叶黄杨的叶子长 7～10 毫米，宽 5～7 毫米；而黄杨的叶子长 15～35 毫米，宽 8～20 毫米。另外，小叶黄杨的叶子更鲜亮一些。比起粗犷的冬青卫矛，小叶黄杨倒显得清秀了许多。

◐ 植物名片

小叶黄杨

拉丁学名：*Buxus sinica* var. *parvifolia*
别　　称：山黄杨、千年矮、黄杨木
分　　类：黄杨科黄杨属
常 见 地：绿化带、公园等

为什么冬青不怕冷

　　理清了冬青卫矛和小叶黄杨之后，你一定会想到这样的问题——不管是冬青卫矛还是小叶黄杨，在冬天都不会落叶，这又是为什么呢？

　　传统观念认为，植物因为惧怕低温才会"脱掉"身上的树叶"外套"，但事实并非如此，相对于低温，冬季的干燥天气才是植物生存的大敌。如果植物任由树叶正常地蒸发水分，它们得不到降水补给就会干渴而死。所以为了保命，植物只能抛弃这些"耗水大户"，等到来年春天雨水渐多的时候，再重新长出新的叶子。如果仔细观察冬青卫矛和小叶黄杨的叶子，你会发现它们的表皮非常厚，就像套了一个密封套把叶子包裹得严严实实。

　　水分有了保障，下一个棘手的问题就是怎样抵抗低温了。你是否也有这样的经历——不小心把仙人掌遗忘在了院子里，结果它被冻死了？而冬青是不会被冻死的，甚至叶片都冻不坏。这是因为冬青的叶子有自己的抗冻法宝——糖和蛋白质。

通常植物被冻死的原因有两个：一是完全冻结之后，生命活动无法维持，植物被"饿"死；二是完全冻结之后，细胞中的水分变成了有尖锐棱角的冰晶，冰晶把细胞结构戳得千疮百孔，植物被"扎"死。而蛋白质和糖就是来解决这些问题的。

✎ 冬青卫矛的叶子里储存了很多糖。

冬青叶片细胞中积累的大量糖分，可以使细胞液和细胞质的冰点降低，就像我们在汽车水箱里加入防冻液一样。如此，即使温度在 0℃ 左右，冬青也可以继续进行自己的生命活动。就算温度持续降低，细胞被冻结的时候，抗冻蛋白质的存在也会使冰晶变得更圆润，而变不成刺伤细胞的尖刺。有了这两个抗冻法宝，冬青就能在寒冷的冬季继续展示自己绿油油的叶片了。

你看，这就是植物世界的生存奥秘，看似普通的一丛绿篱其实饱含了植物的抗冻智慧。

植物
名片

冬青卫矛

拉丁学名：*Euonymus japonicus*
别　　称：正木、大叶黄杨、扶芳树
分　　类：卫矛科卫矛属
常 见 地：绿化带、公园等

都是雪松花粉惹的祸

　　冬青已经很强悍了，它们在冰天雪地里依然进行着光合作用，但是跟雪松相比，冬青只能算是抗寒"挑战赛"中的初级选手。雪松不仅能忍耐寒冷制造养料，还能在冰天雪地中继续繁殖自己的下一代。

　　雪松的外形很特别，有着圆锥形的树冠，一层一层生长的枝干，枝干上成簇的短松针让你一眼就能认出它。因为外形规整、栽种容易，所以雪松曾经是很多北方城市行道树的首选。但是，近些年来城市里栽种的雪松越来越少了，原因之一是雪松的树冠过于接近地面，不能为行人提供阴凉。不过与雪松"惹的麻烦"相比，这都是小问题。雪松惹麻烦的根源是它们也会开花结果。

　　其实雪松并没有真正的花，它和松树、柏树一样都属于裸子植物。简单来说，裸子植物就是种子裸露的植物。它们与百合、月季、桃树这些被子植物最大的区别，就在于种子之外没有果皮的包裹，所以你吃的松子外面并没有桃子那样的果肉。

当然，裸子植物与被子植物的繁殖过程有所差异。裸子植物繁殖也需要花粉和胚珠相遇，桃树、海棠这样的被子植物都是依靠蜜蜂、蝴蝶等动物来传播花粉的，但是雪松这样的裸子植物没有"雇佣"动物运送花粉，它们传播花粉的方法很原始——靠风吹。

每年秋冬时节，我们都会在雪松的枝条上看到很多拇指大小的灰绿色的椭圆物体，这些并不是雪松的果子，而是雪松花粉的"制造工厂"——雄球花。这些"工厂"会制造出数以亿计的花粉粒。为什么要制造这么多花粉？道理很简单，因为风这个"投递员"太不靠谱，能来到胚珠上的花粉粒绝对是幸运者中的幸运者，绝大多数花粉都落在地上混入泥土了。

植物名片

雪松

拉丁学名：*Cedrus deodara*
别　　称：塔松、香柏、喜马拉雅雪松
分　　类：松科雪松属
常 见 地：城市路旁、公园等

✎ 雪松大多为雌雄异株，自然传粉率极低，雌球花很少会产生种子。

　　浪费一些花粉，对雪松来说似乎并不是什么大事，但是对人类来说就很麻烦。每到雪松繁殖季节，漫天飞舞的花粉简直就是过敏患者的噩梦。雪松花粉会引起人体过敏，其原因是花粉粒表面有很多特殊的蛋白质。这些蛋白质就像暗号或密码，雪松花粉来到合适的胚珠上，密码验证通过，花粉才会打开、释放出里面的精子，让它同胚珠中的卵子结合最终形成种子。所以，花粉粒上的蛋白质是植物完成"终身大事"的重要信物。

但是，人体的免疫系统可不这么认为。在免疫系统看来，这些异物都是入侵者的身份标识，必须被消灭。于是，当我们吸入雪松花粉的时候就可能出现打喷嚏、流鼻涕、流眼泪甚至发热等症状，这就是我们的免疫系统在跟雪松花粉"战斗"了。这场"战斗"完全是一场发生在错误时间、错误地点的错误战争，那些免疫系统敏感的人深受其害。今天，城市中开始逐步减少雪松和其他裸子植物的种植，这在很大程度上缓解了过敏患者的痛楚。

有些商人可能嫌这些花粉浪费了太可惜，于是一种新奇的食品——松花粉被开发出来。据说这种食物的营养价值比肉类和鸡蛋还要高，人吃下去不仅能补充营养，还能提高免疫力，简直就是秦始皇梦寐以求的仙丹妙药。可事实并非如此，运送精子

油松（左）的松针两针一束，白皮松（右）的松针三针一束。

雪松

乔木，高可达 50 米，
胸径可达 3 米，
树冠呈尖塔形。

并不好吃
并不好卖！

雪松球
碳烤
半块一个

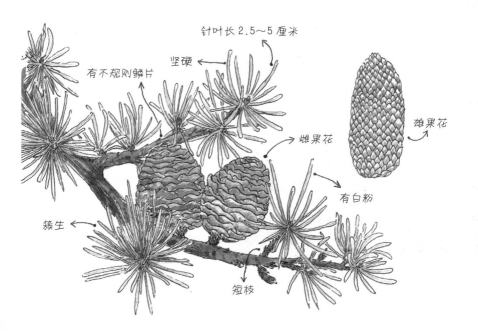

针叶长 2.5～5 厘米

坚硬

有不规则鳞片

雌果花

雄果花

有白粉

簇生

短枝

✎ 雪松多用种子繁殖或插条繁殖。

的"太空舱"——花粉粒有非常坚固的外壳，这不是我们人类的消化系统可以处理的。而且，人吃花粉有可能引发严重的过敏症状，从这个角度来说，还是不吃比较稳妥。

不管是冬青还是雪松，都在寒冬中仍然坚守，它们坚守的目标相同——让物种更好地延续下去，在这个蔚蓝色的星球上拥有自己的家园和希望。

花坛里的卷心菜

　　走在路上，你是否注意过这样一种植物？它们长在路边的花坛之中，乍看就像是绽放的牡丹花，或红或黄的"花瓣"层层叠叠，还有绿叶陪衬。这些不怕冷的"花朵"不是牡丹花，而且压根就不是花朵，而是一些靓丽的叶子，它们都属于羽衣甘蓝。

　　实际上，羽衣甘蓝拥有一个成员众多的大家庭。说起来可能会让你意外，我们熟悉的卷心菜、苤蓝、花椰菜、绿菜花和抱子甘蓝都是甘蓝家族的成员，都属于甘蓝这个物种，只不过在人为选育的过程中，拥有不同特性的后代走上了完全不同的"道路"。当年，达尔文在《物种起源》中描述了人工选择对家鸽外形的影响，实际上在甘蓝身上也发生过类似的事情。

　　那么，这些形态各异的植物为什么都还是甘蓝呢？因为它们的核心特征花和果仍然是一样的。假以时日，等到春暖花开时，羽衣甘蓝也会开花，花葶会从萎蔫之后的彩色叶片中高高

乍一看，羽衣甘蓝酷似盛开的牡丹花。

伸出，上面缀满鲜黄色的花朵。它们的花朵是典型的十字花科的花朵，四片花瓣"十"字交叉，并且结出的果实都是长角果，这些都是身份标志。

秋冬时节开花的植物并不是很多，因为寒冷季节开花，传播花粉的动物很少，幼嫩的果实也会因为霜冻而损失。所以，如何在冬季里扮靓城市，成了摆在园林工作者面前的一道难题，还好我们有羽衣甘蓝。

羽衣甘蓝有靓丽的叶片，更重要的是有相当强的耐寒能力。在低温条件下，这种植物也可以在细胞中积累蛋白质和游离脯氨酸，这些物质一来可以降低细胞液的冰点，二来可以减少低温对叶片的伤害。

紫甘蓝比羽衣甘蓝累积了更多的花青素，所以紫甘蓝才获得了紫色的"衣裳"。可是我们在烹调这种蔬菜的时候就要注意了，如果用铁锅来炒紫甘蓝，你通常会得到一盘污蓝色的菜肴，那是因为花青素在碱性条件下变色了。你可以稍加一些白醋调整口味，同时让菜肴更美丽一些。当然，最好的处理办法还是将紫甘蓝直接切丝拌沙拉。

植物名片

羽衣甘蓝

拉丁学名：*Brassica oleracea* var. *acephala*
别　　称：叶牡丹、绿叶甘蓝、牡丹菜
分　　类：十字花科芸薹属
常 见 地：绿化带、公园等

二月
是与非

你可能有时会这样感叹：这个世界太复杂了，复杂到我们很难窥探它的真相。其实，这个世界也很简单，总会遵循自己的规律执着地前进。植物亦是如此，虽千变万化，但又遵从共同的生存法则。于是，植物世界也有了似是而非的"扮演者"和似非而是的"亲兄弟"。

凤梨与菠萝

2月的北方大地还笼罩在寒冬之中，家家户户已经开始为春节的到来做准备，不少人会选购绿植来装点家居。花卉市场里那一盆盆鲜艳的火炬花惹人喜爱，可是很少有人知道，那些红艳艳的部分并非它们的花瓣；也很少有人知道，它们是菠萝的"亲戚"；当然很多人也不会知道，它们还有一个大名叫观赏凤梨。

菠萝原产于南美洲亚马孙河流域，16 世纪从巴西传入中国。

你可能迷惑了：这么复杂，为啥又是凤梨又是菠萝，怎么就混在一起了呢？而且水果摊上还出现了一个新的说法：凤梨比较甜，不用泡盐水就能吃；而菠萝比较酸，必须泡过盐水才能吃。这又是怎么回事？

其实，菠萝和凤梨根本就是一种植物，同属凤梨科凤梨属，只是名字不同而已。可能因为品种不同，它们的口感有差异，再加上商家的有意引导，便让我们感觉凤梨是一种新水果。事实上，在中国台湾地区菠萝一直就叫凤梨，自它从南美洲远渡重洋而来，就叫这个名字，因其独特的叶子形状而得名"凤梨"。菠萝这个名字倒是后来才出现的，至于为什么叫这个名字尚无从考证，有一种说法是因其形似中国西南地区出产的波罗蜜。

说到底，把凤梨视为一种新的水果，那就真是笑话了。

植物名片

凤梨

拉丁学名：*Ananas comosus*
别　　称：菠萝、露兜子
分　　类：凤梨科凤梨属
常 见 地：果园、植物园等

泡盐水和挖孔为哪般

　　水果商家说的也并非全无道理，菠萝在盐水中浸泡后食用更好倒是真的。之前我们吃新鲜菠萝的时候，都要把菠萝切开，用盐水泡过方才享用。很多人说这是为了淡化菠萝的酸味，事实并非如此。传统观点认为，这样做是为了去除菠萝中的一种蛋白酶。

　　光听名字，你大概就能猜到蛋白酶这种物质一定跟蛋白质有关。没错！它可以帮助消化分解蛋白质。说起来，菠萝炒鸡丁中的鸡丁吃起来更嫩一些也有菠萝蛋白酶的功劳呢。可是，这种分解发生在我们的嘴巴里，就不是什么好事了，不仅嘴巴会有发麻、刺痛的感觉，还有人会因过敏整个舌头都肿起来。还好，盐水能限制菠萝蛋白酶的能力，这就是我们吃菠萝泡盐水的道理所在了。但是新的证据显示，导致菠萝"扎嘴"的元凶是草酸钙针晶，而非菠萝蛋白酶。

　　对人们来说，菠萝不能现切现吃总是遗憾的。这促使我们

✏️ 菠萝中央的"柱子"是花序轴，口感偏硬，酸味比较淡。

的农艺学家"鼓捣"出了新的菠萝品种，这些新品种的蛋白酶含量比较低，所以现在不用盐水泡，我们也可以大快朵颐了。

你可能还发现了一个细节变化——以前吃菠萝的时候，我们总是会在菠萝上挖出很多小孔或沟槽，而现在吃菠萝的时候，这个程序似乎被简化了。要想解释清楚这个事，还得从菠萝的结构说起。我们吃菠萝的时候，没有吃出桃核、杏核那样的东西，因为菠萝本身就不是一个简单的果子，而是由很多个果子组合而成的聚花果。

你仔细观察一下火炬花就会发现，每一个红色的"花瓣"下部都藏着一朵小小的花，那才是凤梨真正的花朵，将来也会结出种子。其实最原始的凤梨都是这个模样的。

　　当然，我们喜欢吃的并不是种子，而是这些小花没有发育的子房和支撑这些花朵的花序轴，即菠萝中心的那根圆圆的、硬硬的"柱子"。我们之所以要在上面挖眼，是为了去除这些孔洞中残存的花蕊结构，否则吃起来会"刺嗓子"。如果它们干脆产生不了这种种子，那一切就更简单了，于是出现了现在的无眼菠萝。这真是懒人的福音啊！

　　你知道吗，菠萝头上的那丛叶子确实有再生为植株的能力。如果有兴趣，你可以和家人一起来养养菠萝头，也许真能在两年之后吃到自己种出的菠萝呢。

　　✎ 史军老师带小朋友们重新认识菠萝。

蜡梅与梅花

　　你肯定熟悉这首诗："墙角数枝梅，凌寒独自开。遥知不
是雪，为有暗香来。"我对梅的认识是从这首诗开始的。即便
在寒冬霜落、屋檐挂满冰凌的日子，依然有植物散发着悠悠的
花香，这就是蜡梅和梅花。

　　从这首诗里，我们可以得到几个关键的信息：首先，梅开
花的时候天气依然很冷；其次，梅花通常是雪白色的；再次，
这些花朵很香。虽然这都是很明显的特征，但是却不足以让大
家把梅和蜡梅区分开来。这两种叫"梅"的植物都在早春开花，
可是差别可太大了。

　　先说蜡梅。很多人会把它的名字写成"腊梅"，网上有不
少文章也是如此，据说是因为这些花在寒冬腊月开放。这好像
也有几分道理。其实，蜡梅的正名来源于花瓣的质感似蜜蜡，
所以得名"蜡梅"。蜡梅是蜡梅科的代表，它们的花朵没有明
显的花瓣和花萼之分，都是层层叠叠地覆盖在一起，这说明蜡

🖊 蜡梅

🖊 江梅

🖊 朱砂梅

🖊 照水梅

33

杏梅花径大、花色亮且花期长，观赏价值较高。

梅更接近原始的花朵。为了吸引传粉的昆虫，这些花朵可是不遗余力。你看它们蜜蜡似的花瓣基部都有紫色的斑点，那就是给昆虫的指示标志，这些标志好像在大声地对昆虫喊："这里有食物，快来享用吧！"当然，昆虫在享用花粉和花蜜的同时，也给蜡梅传播花粉了。

梅则精致许多。最原始的梅有 5 片花瓣和 5 片萼片，因为基因突变，那些园艺品种的花瓣才变得稠密。不管怎么样，梅的花蕊都要比蜡梅多得多，细数下来，梅花的雄蕊多达 15～45 枚，而蜡梅的雄蕊只有 5～6 枚。作为蔷薇科大家族的成员，梅倒是与桃、李和杏是"亲戚"呢。

梅和蜡梅还有一个很大的区别：虽然用来赏花的梅并不擅长结出好吃的果子，但它的果子还是可以入口的，而蜡梅的果子就没有那么"友善"了。蜡梅果里面含有蜡梅碱，这可是一种能让动物心脏麻痹的有毒物质。所以你千万别好奇，不要打这些果子的主意。

实际上，植物的花朵都不是好的食物来源。虽然花朵拥有比叶片更多的营养元素，但是花朵是事关植物后代的关键部位。在花朵部位，植物自然需要加强防卫。所以，在绝大多数情况下，我们一定要经得住花朵的诱惑，可不能随意把花瓣放进嘴巴里。

植物名片

蜡梅

拉丁学名：*Chimonanthus praecox*
别　　称：腊梅、黄梅花、蜡木
分　　类：蜡梅科蜡梅属
常　见　地：山地林中、公园等

寒冬时节的绽放

不论怎样，蜡梅和梅都让刚刚经历了严冬的大地透出了几分生气。蜡梅和梅为什么要选在环境严酷的时候开放呢？仅仅是为了装点大地吗？其实它们是有自己的"小算盘"的。

蜡梅和梅此时开放的第一大理由是，这个时间昆虫没有太多的选择，只要有花能提供食物就满足了，于是昆虫会兢兢业业地帮助蜡梅和梅传播花粉，当然它们也吃了很多花粉。蜡梅和梅看似吃了亏，其实得到的好处更大，因为这样传递花粉更有效。道理很简单，花朵的雌蕊不是随便接受什么花粉都能结出果子的，一定要有合适的花粉和胚珠结合才会有后代，最基本的就是要同一物种的花粉和胚珠。

于是问题来了，你试想一下花朵一起开放，蜜蜂在花丛里钻来钻去，花粉被搞得一团乱的场景。这是所有花朵都不愿意看见的。于是，花朵就需要香味、颜色、条纹等更多的标志让蜜蜂"学习"。蜜蜂确实也会"学习"，尽可能在同一种花朵间活动，但还是不能完全避免混乱局面的出现。这就是第二大理由。考虑到这两个原因，避开"高峰"早开花就成了明智之举。

不过，早开花也面临特有的问题，比如低温会影响花粉、胚珠乃至幼嫩种子的发育，甚至会因为倒春寒而发生落果。所以，这种早春开花的植物通常都是木本植物，毕竟它们有足够的时间来与天气相搏。

此时你可能已经发现，"是与非"都是植物生存的方式，这些生存方式可能是适应自然的法则，也可能是适应人类的口味。不管怎样，大家都在为生存而奋斗。反过头来想想，我们人类又何尝不是如此呢？

植物名片

梅

拉丁学名：*Prunus mume*
别　　称：垂枝梅、乌梅、酸梅
分　　类：蔷薇科杏属
常 见 地：公园、庭院等

椰子那些事

传统观点认为，椰子非常适应海洋环境，它们空心的果实可以漂浮在水中，传播到临近岛屿，甚至随着洋流前往陌生的大陆。很多资料都记载了椰子强大的生命力——"经受110天的海上漂泊，旅行距离长达4800千米，椰子仍然能够正常萌发！"这完全是一种励志的"鸡汤"。

但真实情况是，椰子并没有能力横渡大洋，没有人们想象的那么强悍。在海水中漂浮10周之后，椰子的种子就开始萌发了，这对椰子来说简直就是致命的灾难，因为幼苗在海水中是无法生存的。还有一个生物地理学上的证据也支持这一观点。如果椰子可以越过大洋扩展生存空间的话，那在1000年前，澳大利亚的东海岸就应该密布着椰子树林了，可是詹姆斯·库克船长想在那里寻找椰子树的时候却一无所获。

椰子在东南亚起源之后，随着人类的航船向西前往非洲和马达加斯加，后来又随着欧洲人的航船前往美洲。加勒比海传

椰子的果实中含有液态胚乳。

统语言中并没有与椰子有关的词汇，当地人说的"椰子"来自葡萄牙语，这说明椰子是个不折不扣的"外来户"。至于夏威夷的椰子，被认为是波利尼西亚人带来的。所以，人类的航船才是椰子征服热带海洋的秘密"武器"。今天，椰子已经几乎遍布所有热带海滩，甚至还随着人类的脚步进入内陆，这是椰子祖先无论如何都想象不到的生存区域。

　　中国处于椰子领地的边缘。椰子喜欢湿热环境，年平均气温 26～27℃、年降雨量 1300～2300 毫米且分布均匀、年光照 2000 小时以上、海拔 50 米以下的沿海地区最为适宜。中国并没有完全符合这些条件的地方，即使是热带海滩最多的海南省，也会经历低温过程，而低温对椰子的正常生长是巨大的威胁。还好很多地方符合最低生存标准，年平均气温在12℃以上，降水量在1000毫米以上，同时有充足的阳光照射。所以，中国很多地方的椰子都在为生存而奋斗。你发现了吗？在中国的传统饮食中很少有椰子的存在，即便有也是作为甜点和配菜出现。

在椰子王国，还有很多"叫椰非椰"的植物。比如树形优美、不会结出椰子的大王椰子，作为室内绿植再合适不过的袖珍椰子，可以为西米露提供西米的西谷椰子，名字中有"砂糖"却不是很甜的砂糖椰子，以及能产出世界上最大的、状如人的屁股的种子的海椰子。

植物名片

椰子

拉丁学名：*Cocos nucifera*
别　　称：可可椰子、椰树
分　　类：棕榈科椰子属
常 见 地：海边、热带公园等

水果界的"白马非马"

  猕猴桃素有"果中王"之称，含有极丰富的维生素 C，是水果界的"明星"。但不知从什么时候起，猕猴桃家族出现了一名"网红"——奇异果。其实，奇异果就是猕猴桃。目前市面上的猕猴桃按物种的不同主要分为两种——美味猕猴桃和中华猕猴桃，也有极少的软枣猕猴桃；按果肉颜色分主要有两种——绿心猕猴桃和黄心猕猴桃，当然也有红心猕猴桃，但是比较少；按有没有去新西兰"留学过"也可以分为两种——猕猴桃和奇异果。

  你看现在很清晰了，从经历上讲猕猴桃就是"土鳖"，奇异果就是"海龟"，这里就不细说"留学"过程了。1904 年，一位新西兰女教师带了一些美味猕猴桃种子（一说是带了用于扦插的枝条）去新西兰，然后这些猕猴桃就"发达"了，并且被聪明的水果商人定名为"奇异果"（*kiwi fruit*），因为猕猴桃的原有中文名——中国醋栗（*Chinese gooseberry*）不够好

✏ 猕猴桃为落叶藤本植物，喜生于温带森林。

听。后来，以奇异果为名的美味猕猴桃横扫全球，"统治"市场到现在。中国也有自己的美味猕猴桃品种，只是到 20 世纪 90 年代才开始普及。最近几年，中华猕猴桃异军突起，它们不像美味猕猴桃那样只有绿色果肉，还有黄色和红色的果肉，算得上是市场新宠。

总结来说，商品"猕猴桃"包括中华猕猴桃和美味猕猴桃，但都是国产的；奇异果也包括中华猕猴桃和美味猕猴桃，但都是新西兰产的。

另一种水果界的"白马非马"典型物种就是樱桃了。樱桃分为欧洲甜樱桃、欧洲酸樱桃和樱桃 3 个物种。市场上能够见到的鲜果是樱桃和欧洲甜樱桃，特别是后者占比更大。樱桃比较软，有着殷红的小果，总是让人把它与美女的嘴唇联系起来。但它们采摘时间极短，恰似红颜易逝，加上不耐储运，所以逐渐就被果肉硬实的欧洲甜樱桃取代了。我们在市场上见到的"红灯""美早"这些品种其实就是欧洲甜樱桃。

车厘子是欧洲甜樱桃"*cherries*"的音译，如同蛇果来源于"*delicious*"的音译"地厘蛇"一样。其实，车厘子就是欧洲甜樱桃的一个品种，紧实的果肉、充沛的水分、较大的个头都能说明它们的身份。

这下你清楚了吧，其实车厘子主要指的是欧洲甜樱桃，也是目前樱桃市场的主流。至于樱桃，你要想吃还得费劲找找。

植物名片

中华猕猴桃

拉丁学名：*Actinidia chinensis*

别　　称：猕猴桃、奇异果、羊桃、阳桃

分　　类：猕猴桃科猕猴桃属

常 见 地：山林、果园等

三月
新鲜

我们的生活从不缺少新鲜。虽然每天的生活都是周而复始，但是每天的太阳都是新鲜的；虽然每一年花朵都会花开花谢，但是每一片绿色都是全新的；虽然我们都在经历人生中既定的春夏秋冬，但孩子终会长大，树木终会参天，世界终会因为我们而变得新鲜。

最早"睡醒"的花朵

当爆竹的烟火味儿渐渐散去，春风再次吹起的时候，一年的新鲜再次到来。人们的脸庞被红红的春联映上红红的色晕，小草们也开始忙碌了。五九天刚开头，田里的麦苗、路边的荠菜就展出了自己的绿叶，它们忍受了一个冬天的干渴，终于迎来了春日雨雪的滋润。它们舍不得浪费分分秒秒，抓紧时间开花结果。

你挖过野菜吗？乐颠颠地跟着长辈们去挖荠菜，但你的篮子里总会混进一些并非荠菜的东西，到底该如何分辨呢？

只要你稍微留意一下就会发现，整个夏天、秋天、冬天，我们都找不到荠菜的踪影。荠菜在春天的日头里，才绽放出了可爱的花朵。这不是因为夏天的草木太高大，遮住了荠菜的身姿，而是因为从夏天到冬天，荠菜的种子都在"睡大觉"。

你可能觉得只要温度和水分合适，植物的种子就会发芽。其实不然，很多植物的种子都要经过冰冻才能发芽。这种习惯其实也不难理解，如果荠菜的种子在夏末发芽，秋末开花，迎接它

植物名片

荠

拉丁学名：*Capsella bursa-pastoris*
别　称：荠菜、地米菜、芥
分　类：十字花科荠属
常见地：山坡、田边、草丛、墙角等

们的将是冰天雪地，这样非但不能完成传宗接代的任务，可能连小命都保不住。

　　荠菜的种子里有个特殊的"发芽开关"，只有足够长的低温时间才能打开这个"开关"。其实，不光是种子，很多花朵比如白菜、萝卜和秋天播种的冬小麦，也需要经过春化作用，它们的花蕾才能良好发育，才能在春天更好地绽放花朵。这个唤醒花朵的过程就是植物学家口中的"春化作用"。

　　不过同时冒头的可不光是荠菜，很多有着荠菜模样的小野菜也展开了自己的绿叶，似乎是想"挤"进我们的野菜篮子里，独行菜、二月兰也在其中。这也难怪，谁让它们都是十字花科家族的成员呢。

　　对于十字花科，你可一点都不陌生，白菜、萝卜、卷心菜、油菜、芥菜、西兰花等通通都是十字花科的植物。之所以被称为十字花科，自然是跟它们的花朵有关系，你仔细看一朵白菜花或荠菜花就会发现，它们的花朵都有4片花瓣，并且这4片花瓣排列成了"十"字。当然，它们的花朵上还有小细节，就是6根雄蕊长短不一，有4根长的、2根短的，这也成为十字花科植物独特的识别特征。你不妨轻轻地剥开荠菜的花瓣，看看里面的小秘密吧。如果你尝试的次数够多，就会发现手指头都被染绿了，还有股淡淡的荠菜味。

十字花科植物都有一股特殊的味道，以萝卜、芥菜，以及吃生鱼片时蘸的山葵辣根酱最有代表性。这些气味来自十字花科植物特有的异硫氰酸盐，是植物用来对抗动物啃食的。可惜，让十字花科植物始料不及的是，人类竟然爱上了这种风味。这在植物眼中就是最无奈的结局吧？

荠菜的小花组成总状花序。

真假荠菜的小风味

虽然大体的气味相似，但这些荠菜模样的小野菜们的滋味还是有所差别的。跟荠菜比起来，独行菜略苦，而二月兰则略糙，至于偶然混进来的蒲公英就更是不好入口了。识别这些冒牌荠菜其实也不难。

首先，你将蒲公英的幼苗扯开，就会发现有白色的"乳汁"流出，这是荠菜没有的特征。至于二月兰，它们的叶片通常要显得宽大许多，生长的季节也晚于荠菜，所以被误采的可能性也不大。如果开花，两者就更容易分辨了，二月兰的花朵通常是紫色和粉色的，比荠菜花大多了。当然二月兰的嫩头也可以当蔬菜食用，不过太靠近路边的二月兰就放弃吧，它们长期被汽车的尘土浸染，其中的重金属多半是超标的。

最容易令人混淆的其实是独行菜，幼苗期的独行菜和荠菜几乎看不出什么差别。你要仔细观察，才能发现二者的差别。独行菜的叶片稍纤细，而且叶片的裂片排列得很整齐，上宽下窄，

🖊 独行菜（左）和二月兰（右）都是十字花科植物。

顶端的裂片又变细，像一个多叉的兵器；而荠菜呢，裂片就不是很规则，或者分裂得跟鱼刺一样，或者只是浅浅地裂开，更重要的是，叶片顶端的裂片是圆乎乎的，这跟独行菜的"兵器叉"叶子区别很大。

植物的叶子终归不是一个好的识别特征，因为各种变异和环境因素都会影响它们的形状，所以科学家们才会以花辨识，把花瓣和花蕊的数量、形状、色彩等，作为分辨植物的重要标准。待到荠菜、独行菜、二月兰、蒲公英再次开花的时候，我们就很容易区分它们了，只是那个时候，荠菜已经长老，不再适合我们的胃口了。

中国香椿中国味儿

　　除了荠菜，最能代表春天滋味的就要数香椿了。我猜你一定吃过香椿，不论是香椿煎鸡蛋，还是挂面糊炸成的"香椿鱼"，那种特别的滋味让人感觉到春天来了。

　　香椿是不折不扣的本土植物，据说对香椿的文字记载可以追溯到夏商时期。当时香椿还不叫香椿，在《夏书》里它称"杶"，在《左传》之中它称"橁"，在《山海经》里它有了新名字"㯉"，如此多样化的名称，足见香椿深入人们的生活已经很久了。并且，香椿的天然分布区很广，从华北、华南到西南地区的山地都能找到野生香椿的身影。有人还把香椿树种在庭院周围，就为品尝那种特殊的春天味儿。

　　这种楝科香椿属的植物一直都徘徊在餐桌的边缘，充其量是山茅野菜。明代农学家徐光启撰写《农政全书》的时候，还把香椿列在救荒食物之中，它终究不是大规模生产的蔬菜。想来原因大概有三：一是香椿芽是种时令性很强的蔬菜，一旦春日落幕，绿叶茁壮生长的时候，香椿的香气都会淡去了；二是香椿芽特殊的风味必须要有大量的油脂来搭配，如果只是水焯凉拌，就不是赏味而是刮肠了；如果说前两点是香椿的缺憾，那这第三点就是人为原因了，很简单——吃错了。

香椿虽然没有长一张"大众脸"，但是像羽毛一样的叶片不是它们独有的。这不，在一旁生长的臭椿树，完全就是一个高仿版的香椿树。一样挺直的树干，一样的羽状复叶，乍一看还真难分清楚。但你如果吃过臭椿的树芽，我相信你就不会再碰这样的树芽了，那可是一种混合了臭虫味儿和青草味儿的奇异味道。据说有些地方，人们确实把焯烫后的臭椿当蔬菜来吃，如果有机会你也可以试试。

一旦开花结果，臭椿就完全暴露了，作为苦木科臭椿树的成员，它们的果子都是有翅膀的，这些翅果会随风飘荡到城市的每个角落。所以，你不要奇怪，为啥没人种过臭椿树，它们却能在

🌱 植物名片

臭椿

拉丁学名：*Ailanthus altissima*
别　　称：樗、皮黑樗、臭椿皮
分　　类：苦木科臭椿属
常 见 地：山坡、田边、城市路旁等

城市的不同地方茁壮成长。相对来说，香椿的果子就要弱多了，5 瓣开裂的果子会散出细小的种子，但是能长成树的却是寥寥无几。不过这并不妨碍香椿的传播，因为有人喜欢它们的味道。

香椿的特殊味道来自其中特殊的挥发物，包括了萜类、倍半萜类等物质，所以它是混合了石竹烯、大牻牛儿苗烯、金合欢烯、丁香烯、樟脑等成分的杂烩气味，特别是其中的石竹烯拥有一种柑橘、樟脑和丁香的混合香气。看来，在香椿的身上吃出花朵的感觉也不是奇怪的事情。

除了特殊的香味，香椿还有一种特殊的鲜味，烹饪时不用加味精就已经极鲜了，那是因为香椿中含有不少谷氨酸。谷氨酸可以占香椿干物质的 2.6%，将它与鸡蛋中的核苷酸搭配，两者混合产生的味觉增益效应，就让我们感受到那种难以言表的春天味道了。但是你知道吗，香椿很少结果，因为它们的花芽都被人们摘光了。

植物名片

香椿

拉丁学名：*Toona sinensis*
别　　称：毛椿、椿芽、香椿铃、春甜树
分　　类：楝科香椿属
常 见 地：山坡、村旁等

柳条分身术

在草地一片生机盎然的时候，大树们一点也没闲着，它们也开始吐露出自己的新芽。柳树是最先换上"绿衣"的一种植物，谚语里面说"五九六九隔河看柳"，说的就是柳树换"新衣"了。

你听说过"小鸟种树"的故事吗？我对柳树最深刻的印象，就来自小时候听到的这个故事。讲述者说，在秘鲁有一种小鸟和一种甜柳树，小鸟很喜欢吃甜柳树的叶子。但是，这些小鸟有一种很特别的进餐习惯，就是要把甜柳的细枝条折断，然后把这些枝条插进事先刨好的小坑里面，然后再啄食上面的嫩叶。等小鸟进餐完毕，枝条就这样留在了小洞里面。假以时日，这些小枝条就会生根发芽，长成新的柳树。

这看起来就像是自然界的童话，是互帮互助的典范。但事实并没有这么简单。我搜遍了所有关于植物繁殖的教科书和资料，都没有找到如此经典的范例，甚至根本就没有找到一种叫

垂柳

高大落叶乔木，
高可达 12～18 米，
萌芽力强，
根系发达，
生长迅速。

枝条可编筐

老枝

叶互生

黄褐色小枝

新枝

披针形或条状披针形

8～16厘米

柳叶

雌性花序

雄性花序

甜柳树的植物。只有一种可能——这个故事是杜撰的。想来也是，小鸟为啥会放弃相对安全的枝头，非要到危险的地面上进餐不可呢，地面上的各种捕食者可是在虎视眈眈地等着它。

虽说这个故事是杜撰的，但它多少有几分科学性，因为柳条在适当的培养条件下，真的可以变成柳树。小时候的我，经常会在河边折回一些柳条，然后把它们养在水瓶里面，一段时间过后，这些柳条便生根了。如果把它们种在土里，真的能长成柳树小苗。你也可以试一试。

其实，很多植物都有这样的特性，比如月季和土豆。我们把这种植株体的一部分变成整株植物的能力，称为植物的全能性，而这个繁殖的过程有个时髦的名字，那就是克隆。

克隆植物不难，但克隆人却不容易。那是因为动物细胞的分工更为精细，比如皮肤细胞、干细胞就很难再变成骨骼细胞，骨骼细胞也变不成神经细胞，这种限制其实是在保证人体的正常运转。否则，要是皮肤上多长出一块骨头，那也是让人挺头疼的事情。

从根本上讲，植物和动物适应环境的生存方式是不一样的。作为捕食者，动物更需要灵活性，而作为生产者的植物，只需要尽可能补充自己身体缺失的叶片和枝条，保证光合作用的进行即可。不过，生存是这两类生物共同的目标。

◆ 植物
名片

垂柳

拉丁学名：*Salix babylonica*
别　　称：柳树
分　　类：杨柳科柳属
常 见 地：公园、河边等

你知道柳树有多少种吗？只在北京就有垂柳、旱柳和绦柳之分，其中绦柳是旱柳的一个变种。仔细看看也不难区分。旱柳并没有我们心目中的垂下众多绿色丝绦的柳树形象，它们的枝叶更像杨树，都是向上生长的。另外，旱柳比较耐旱，因此而得名。

至于垂柳则通常生长在水边，因而有水柳之称。需要特别注意的是，枝条下垂的不一定就是垂柳，绦柳的枝条也是下垂的。它们的区别在于小枝的颜色，垂柳的小枝条是青绿色的，而旱柳和绦柳的小枝条是黄绿色的。

新的科学证据显示，旱柳和垂柳本来就是一个物种，只是因为生活的环境不一样，它们才有了不同的形态。看起来寻常的柳条上，还有很多我们不了解的植物智慧。

在阳光明媚的 3 月，看着河边返青的垂柳，你是不是感觉大地一下子就有了精气神？再过两个月就到柳絮纷飞的时候了。放下学业压力，拍去心头的雾霾，快去同爸爸妈妈一起拥抱这个新鲜的春天吧。

旱柳树冠丰满，是中国北方常见的行道树。

第**4**封信

给孩子的科学家的12封信

家门口的植物课

四月
灿烂

· 山桃花开早春时

· 樱花会结樱桃吗

· 花雨制造者樱花树

· 名为海棠的冒牌货

· 苹果家族的异类

你应该也是一位喜欢热闹的朋友吧？毫无疑问，春天是热闹爱好者最喜欢的季节，植物们也会来跟我们一起凑热闹。蔷薇科的花朵就是这热闹阵仗的核心，它们或似花束，或如火焰，十分能调动气氛。难以想象把海棠、樱花、桃花等去除，春天的热闹劲儿还剩多少！

苹果家族的异类

你认识海棠、吃过海棠果吗？

说来有意思，我对海棠的第一印象来源于它们的果实。在超市货架上，我们偶尔能看到一瓶瓶长相和个头像山楂，却又没有鲜红"外套"的小果子，那就是海棠果了。在浓重的糖水中腌渍之后的海棠，还能让人略微品出一点苹果的味道。这果子如此平常，我们很难相信它们竟然来自一种灿烂的花朵，这些花朵的绚丽一点都不输于大名鼎鼎的樱花，它们就是海棠。

海棠其实有一个大家族，家族里有海棠花、西府海棠、垂丝海棠、山荆子等"兄弟"。说起来，海棠花还是苹果的"亲兄弟"呢，因为它们都是蔷薇科苹果属的植物，都有或大或小、苹果模样的果实。中国是海棠家族的聚集地，中国人种植、观赏海棠的历史相当悠久，我们可以查找到的关于海棠的记载可以追溯到魏晋时期，并且从唐代开始海棠真正成为重要的园林花卉。北宋时期成书的《海棠谱》详细记述了众多海棠品种，

🖊 海棠花喜阳光充足的环境。

🖊 海棠果是鸟儿和松鼠等动物的美食。

以及相关的栽培方法。

　　春天时，很多人会把一树粉色或白色的花通通称为"樱花"，海棠花也是其中的一种。实际上要区分真正的海棠花并不难。仔细观察一朵海棠的花蕊，你就会发现除了众多的淡黄色雄蕊，还有4～5根淡绿色的柱状物，那就是准备接受花粉的花柱了。这是苹果属植物和梨属植物的特别之处，樱花、桃花、李花都只有单独的一根花柱。

　　可能你会问，那海棠、梨以及苹果的花朵又该怎样区分呢？这也不难，从花色上来说，海棠的花朵颜色通常会更红，而苹果花特别是梨花则要素淡很多。特别值得注意的是，广泛栽培的垂丝海棠的花朵和花梗都是紫红色的，更容易被区分出来。

海棠结的果就是海棠果了。通常来说，海棠果的主力贡献者是海棠花，至于西府海棠、垂丝海棠大多是为了观赏而生，它们的果实个头小、味道酸，是上不了台面的。当然，有些品种的果实呈现出鲜艳的红色和黄色，比如西府海棠和海棠花。

海棠种类众多，能够适应多变的气候和土壤条件，这是苹果做不到的。园艺学家通过嫁接把这二者组合在一起，就能在各地栽种好吃的苹果。海棠的这种特性在苹果传播过程中确实发挥了重要作用。我们吃苹果的时候，还要感谢海棠的贡献呢。

植物名片

海棠花

拉丁学名：*Malus spectabilis*
别　　称：海棠、日本海棠
分　　类：蔷薇科苹果属
常 见 地：城市路旁、公园等

贴梗海棠

落叶灌木，
枝条直立有刺，
叶未展而花先放，
花呈猩红色、稀淡红色或白色，
果实含苹果酸、酒石酸、枸橼酸等。

果实

赏花品木瓜

番木瓜

超市里的"木瓜"

名为海棠的冒牌货

　　你看真正的海棠家族已经够热闹了，可我们在春天还会碰到很多不是海棠的"海棠"，贴梗海棠和秋海棠就是冒名的海棠。贴梗海棠的植株通常是枝头有刺的灌木，它们的花朵形似海棠，因为二者同属于蔷薇科。但是贴梗海棠的花几乎没有花梗，这是最直观的区别。当然，贴梗海棠的花朵通常更为艳

🖉 贴梗海棠

丽，呈现出大红色或粉红色。这些花朵凋谢之后，会结出酸溜溜的木瓜——宣木瓜。宣木瓜是原产于中国的正统木瓜，市场上常见的甜甜的番木瓜其实是从南美洲来的"访客"。

秋海棠与海棠的差距就更大了，秋海棠是秋海棠科植物，其宽大的叶片和草本的姿态，说明它们不是真正的海棠。当然，秋海棠也有特别之处——它们有雌雄两种花朵，这两种花非常相像，区别只在于花瓣下方有没有子房，而且雌花的柱头长有一副雄蕊的模样，那些渴求花粉的蜜蜂和熊蜂，一不小心落错了花，顺便就帮秋海棠传播花粉了。

植物
名片

秋海棠

拉丁学名：*Begonia sp.*
别　　称：无名相思草、无名断肠草、八香
分　　类：秋海棠科秋海棠属
常 见 地：溪边、庭院等

花雨制造者樱花树

在春天的树花里面，樱花的名气无疑是最大的。各地的樱花景观、樱花节，以及樱花美食都吸引了大批游客。不论是北京的玉渊潭和武汉的大学校园，还是我们邻国日本的樱花园，一到春天总会挤满了赏花的人群。可惜樱花的灿烂并不会维持很久，一束樱花长则半月，短则一周便尽数凋零了。但是，你可能会感觉整个春天人们都在观赏樱花，这又是为什么呢？

答案很简单，我们看到的樱花不止一种，它们中有的是蔷薇科李属的一类植物。通常，我们能看到的樱花就有寒绯樱、山樱花、东京樱花和樱桃花，不同种类的花期错开就给了我们樱花常开的错觉。你可别小看樱桃花，它们一样绚丽。

这些樱花中最早开放的当数寒绯樱，听名字就知道，这种樱花在每年早春时节天气仍然寒冷的时候，就开始展现自己绯红的花朵了。它们的中文学名为钟花樱桃，因倒挂的钟形花朵而得名。

在寒绯樱之后，樱花的主力东京樱花就上场了。它们的花朵就是我们熟悉的樱花形象了，每朵花都有 5 片或层层叠叠的花瓣。粉红色的花朵随风垂落时，透露出一种悲壮的美感。

在寒绯樱和东京樱花谢幕之后，山樱花的"另一支队伍"日本晚樱才开始登场。这种樱花的花朵通常花瓣较多，显得更丰满，新叶也更多地露着红色。这种樱花花期稍长，所以它们成为很多公园和道路绿化带的上佳选择。

你会说这么多樱花，究竟怎么认出它们呢？别急，你不妨记住几个辨识樱花的诀窍：首先，樱花的花朵都有花梗，并非紧贴枝条开放；其次，每朵花中只有 1 根绿色花柱，这跟海棠有明显不同；再次，樱花的花瓣顶端或深或浅地都有一个缺口，这是桃、李、杏、苹果等植物的花朵所没有的特征；最后，樱花的嫩叶是对折在一起的，树皮上有明显的环状纹路。

植物名片

东京樱花

拉丁学名：*Cerasus × yedoensis*
别　　称：日本樱花、樱花、吉野樱
分　　类：蔷薇科樱属
常 见 地：城市路旁、公园等

樱花会结樱桃吗

　　你可能会问:"樱花和樱桃有什么关系呢? 樱花结的果子能吃吗?"广义上来说,所有樱花植物结的果子,都可以被称为樱桃,当然也是可以吃的,只不过大多数观赏樱花的果子很小,酸涩味十足,所以很少有人打它们的主意。

　　前面说过,市场上售卖的可食用的樱桃主要有 3 种,分别是樱桃、欧洲酸樱桃和欧洲甜樱桃。细说起来,樱桃个头比较小,质地比较软,虽然味道不错,却不适合长距离运输,所以在市场上很少见。我们买到的新鲜樱桃通常是欧洲甜樱桃,这种樱桃个头大,质地比较硬,同时甜度也较高,于是成了鲜食樱桃的"主流"。而欧洲酸樱桃更多地出现在各种罐装食品和蜜饯中,因为它们实在太酸了,还好容易栽种、产量高,所以依然在市场上占有一席之地。看来樱花家族提供的"热闹"远不止在我们的眼中,还在我们的舌尖之上。

　　顺便提醒一下,请告诉你的朋友,不要随便在公园中尝试樱花的果子，且不说破坏植物是一种不文明的行为，这本身也会给采摘者带来风险。为了防止病虫害，人们通常会在花卉上喷洒农药，而这些农药显然不是为了食用准备的，人吃下去的后果可想而知。

春天的"热闹"来源远不只海棠和樱花，单单是二月兰、蒲公英这些普通的小草都能为我们"铺就"壮美的花坛。当然，这种"热闹"并不是为了取悦人类，而是植物为了赶上繁殖高峰期而付出的巨大努力，它们为了孕育出新一代的生命而使出浑身解数。看到它们，我们是不是也要想想自己该付出哪些努力，才能在金秋时节得到属于自己的收获。

✏ 车厘子是樱桃的英文音译，为欧洲甜樱桃品种。

山桃花开早春时

山桃是北京城里和周边山上最先开花的树之一。每年早春的时候，都是它跟山杏一起迎接春天的到来。在山东、河北、河南、山西、陕西、甘肃、四川、云南等多地的山林间和灌丛间，都有山桃分布。早春我们看到灰色的山坡上，独有一小片一小片的花朵，这通常就是山桃和它的"表亲"山杏"贡献"的花朵了。

山桃有典型的蔷薇科李亚科植物的花朵，5片花瓣、5片萼片，很多的雄蕊配上1根孤独的柱头。这样的花朵表露出它们的身份。当然，山桃还有另外一大识别特征——树干，棕红色的树干犹如刷了层清漆一样光亮，这在蔷薇科果树中显得尤为出众。

乍看山桃的果子有点像没有长大的青涩水蜜桃，可惜山桃的果子却长不出香甜多汁的果肉。如果你非要去品尝一下不可，吃到的只会是混杂着一些桃子味的酸涩桃肉。

中国的野生李属桃亚属植物，只有桃、山桃、甘肃桃、新

山桃有典型的蔷薇科植物的花朵。

疆桃、光核桃5种，它们都可以提供食用果实，只是味道千差万别。基于目前的证据，桃被认为是所有栽培桃树的共同祖先。在桃的不同变种中，毛桃被认为是最原始的变种，之后演化出了硬肉桃，接着出现了蜜桃和水蜜桃，在硬肉桃、蜜桃和水蜜桃中，又都出现了不长毛的突变个体，于是有了油桃。也就是说，油桃有着复杂的身世。

对于桃的记载，可以追溯到《诗经·魏风》中的"园有桃，其实之肴"。而关于油桃的记述则最早出现在南北朝时期的《齐民要术》中，在后来明代的《群芳谱》和清代的《广芳群谱》中将其记载为李桃，注释为"其皮光滑如李，一名光桃"。这从侧面说明，油桃是经过突变选育而出现的品种或变种。

如此说来，山桃其实跟我们吃的桃子真没有太大的关系。虽然山桃不能提供香甜的果实，但是它们的花朵还是招人喜爱的，如今已经大范围出现在城市绿化带和公园之中。像刷了油漆似的紫红色树干是山桃的身份标志。另外，山桃的种子还可以做成串珠和各种工艺品。你见过有些叔叔伯伯手中摩挲或手腕戴着的"串儿"吗？那些"串儿"很多就是用山桃核做成的。

植物名片

山桃

拉丁学名：*Prunus davidiana*
别　　称：野桃、山毛桃
分　　类：蔷薇科桃属
常 见 地：山坡、荒野疏林、公园等

五月情感

我们经常说:"人非草木,孰能无情。"你看,草木被列入无情无义的那一类生物了!但奇怪的是,我们又习惯用花草来抒发情感——用玫瑰表达爱意,用菊花寄托哀思,用荷花称赞出淤泥而不染的高洁品质……在这个温暖的五月,怎么少得了香石竹和月季?

致敬母爱的花朵香石竹

　　提到香石竹这个名字，你可能有些陌生，但其实它是我们相当熟悉的一种植物，它还有一个名字——康乃馨。虽然世界各地母亲节的时间不尽相同，中国、美国、日本、加拿大都是五月的第二个星期日，而法国、瑞典则是五月的最后一个星期日，但是大家都会用康乃馨来表达自己对母亲的爱意。

　　你知道人们为什么会在这一天用康乃馨表达爱意吗？并不是因为这种花有什么特别的样子或香味，而是因为这个行为的发起人安娜·贾维斯在 1907 年母亲节的时候，就送给了母亲一朵白色的康乃馨，这是这位妈妈最喜欢的花朵。时过境迁，我们已经遗忘了这一朵母亲节的康乃馨，如今送给母亲的都是红色的康乃馨。只有在母亲离世的情况下，为了寄托对母亲的哀思，人们才会用白色的康乃馨。

　　香石竹的栽培可以追溯到 2000 多年前的古希腊时期，古希腊学者泰奥弗拉斯托斯用希腊语中的"*dios*"（神圣）和"*anthos*"（花）两个词，创造了现在的石竹属的拉丁学名"*Dianthus*"。这些神圣的花朵确实具有很强的象征意义，比如在 20 世纪中叶的工人运动以及后来的国际劳动节中，红色的康乃馨都代表了特殊的含义。

　　不过，泰奥弗拉斯托斯看到的康乃馨肯定同我们看到的不一样，当时的康乃馨是一年只开一次花的朴素花朵，颜色单一。从 16 世纪开始，欧洲人踏上了改造康乃馨的漫漫征程，先是 1840 年法国人达尔梅斯利用中国石竹和康乃馨杂交育成了四季开花的香石竹类型，1866 年法国人又培育出了枝干不弯曲的康乃馨，这个优良品系引入英国之后，英国也拥有了四季开花的康乃馨。自此之后，康乃馨的优良品种被不断培育出来。

植物名片

香石竹

拉丁学名: *Dianthus caryophyllus*
别　　称: 康乃馨、大花石竹、麝香石竹
分　　类: 石竹科石竹属
常 见 地: 花坛、公园等

扎根石壁的小野花石竹

　　其实，我们在北京郊野经常能看到香石竹的"姐妹"石竹。锯齿状的花瓣边缘以及竹叶模样的叶子，恰恰说明石竹跟康乃馨是一家子。当然，石竹科的植物还有一个非常重要的特征，那就是它们的茎节有明显的膨大，并且极易在膨大处折断。你不妨用凋谢的康乃馨试试，体验一下爽快的手感。

　　石竹花朵的花瓣通常只有 5 片。与雍容的香石竹比起来，石竹显得单薄许多，就像是康乃馨的简化版本。不过石竹的耐力非常强，对生活环境不挑不拣，所以我们经常能看到石竹从石头缝里钻出来。近年来，它们也被园艺学家们请到园林景观之中，虽然单朵花略显单薄，但是成百上千朵石竹组合在一起，也有一种特别的味道。

　　石竹科花瓣的好玩之处，不只在于单瓣和重瓣的区别，还在于冒充花瓣数量的趣事。石竹科的繁缕和鹅肠菜就是发生这趣事的代表。我每次带大朋友和小朋友们去做自然观察，总会

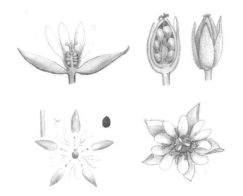

繁缕

一至二年生草本，
高达 30 厘米，
叶卵形，先端尖，
基部渐窄，
聚伞花序顶生，
花瓣白色，深裂至基部，
蒴果卵圆形。

让他们先去数数这些花朵的花瓣数量，得到的结果往往都是10瓣，但正确的答案是5瓣。因为每片花瓣都发生了深裂，近乎一分为二，这就是典型的"假十瓣"现象，也是它们身份的象征，所有繁缕属的植物都有这样的特征。

石竹科植物就是这样，平常总是静静地待在花园里、道路旁或山石之间，貌不惊人却藏着许多美丽的故事。恰如陪伴在我们身边的母爱，淡淡的、暖暖的，只有当这种爱消失的时候，我们才能真正感受到那种特殊的分量。虽然用康乃馨来表达对母亲的敬意只是一种巧合，但它们不正是这种情愫的良好载体吗？

植物名片

石竹

拉丁学名：*Dianthus chinensis*
别　　称：中国石竹、长萼石竹、山竹子
分　　类：石竹科石竹属
常 见 地：山坡、草原、鲜花店等

夏日花园中的炽烈月季

如果说康乃馨是五月花瓶中最绚丽的花朵，那月季必然是这段时间庭院中最精彩的花朵了。算起来，月季是我最早认识的一种花朵。30 年前，外婆家的小院里种满了各式各样的月季。外公是个爱花的人，秋末冬初的时候，他从别人家求来几根月季的短短茎秆，修剪成 10 多厘米长的小段，插在精心翻整过的一块土地中，外公还在上面用塑料布搭上一个小棚子。等到开春，棚子里面的月季茎秆已经长成了小苗，移栽展开，小院里面很快就能绽放出各种美丽的花朵了。

如果说康乃馨和它们的象征意义都是舶来品，那月季算得上是东方和西方交流融合的产物，东方和西方蔷薇花的交融促成了今天绚丽多姿的现代月季家族。

在每年的情人节我总会被问到一个问题——蔷薇、玫瑰和月季究竟有什么区别呢？从关系上讲，蔷薇是个覆盖范围最大的名字，蔷薇科蔷薇属的很多种类都可以被称为蔷薇，它几乎涵盖了中国原产的 82 种蔷薇属植物，这些蔷薇通常每年只能开一次花，花谢之后只能等待来年了。

至于玫瑰，则是中国原产的一种蔷薇属植物，它们皱皱的叶片、单薄的花瓣和密集的皮刺并不讨人喜欢，唯一可取的就是诱人的花香，所以玫瑰更适合出现在各种果酱甜品之中。而月季并不像玫瑰那样是一个纯粹的物种，而是有月季花血脉的所有栽培月季的通用名。如果说玫瑰是"孤家寡人"，那蔷薇就是天然生长的"部落"，而月季则是人工调教出的"大家族"。

玫瑰（左）和月季（右）都是原产于中国的植物。

说到这里，我们不得不提中国月季花的巨大贡献，正是它的存在促成了玫瑰花产业的蓬勃发展。人们在情人节送的玫瑰，其实就是现代月季家族的成员，只不过当现代月季进入中国并且作为情感符号时，又被赋予了"玫瑰"这个名字，毕竟说送心上人一束月季，听起来就不够"高大上"，于是才有了近年来的玫瑰和月季之争。

你发现了吗，月季是特别喜欢阳光的花朵。如果我们去月季花园中赏花、拍照就会碰到小麻烦——阳光太强烈了。这是因为月季只有在光照充足的情况下才可能正常生长，这也就解释了为什么在中国南方很多地方都很难种好月季，因为那里的阴雨天太多了。

植物名片

月季花

拉丁学名：*Rosa chinensis*
别　　称：月月红、玫瑰、月季
分　　类：蔷薇科蔷薇属
常 见 地：绿化带、花坛、公园等

现代月季的诞生

实际上，在很长一段时间内，东方和西方都在培育自己的蔷薇花。中国在西汉时就已经在宫廷中栽种蔷薇了，最早提到月季则是在宋代。宋代的《益部方物略记》这样描述月季："花亘四时，月一披秀，寒暑不改，似固常守。"可以看出这时的月季已经拥有了不间断开花的特性，月季也因此得名。而李时珍在《本草纲目》中记载的"月季花，处处人家多栽插之"则说明，月季在明代已经成为华夏苗圃中的宠儿了。到了清代，中国月季的栽培更为普遍，出现了紫色、红色、白色、黄色、浅绿色、玉色等不同的

🖉 药用法国蔷薇

品种。其中，月季花和巨花蔷薇做出了突出贡献，它们杂交产生了香水月季，后来又衍生出各具特色的新品种。

相较于繁盛的东方月季家族，西方蔷薇家族的发展就显得坎坷许多。从公元600年到1800年这段漫长的时间里，西方的园艺学家们只能用法国蔷薇、百叶蔷薇和突厥蔷薇来回"折腾"，但无论如何都跳不出"花色单调，一年只开一季"的怪圈。

直到1789年，"月月红"和"月月粉"这两个中国月季品种传入英国，园艺师们才打开了欧洲培育月季的新局面。在随后近100年的时间里，欧洲的园艺学家们让来自中国的月季与欧洲当地的蔷薇不断杂交，终于在1867年育成了月季品种"法兰西"，这个品种的出现是古代月季演化为现代月季的转折。自此，中国月季彻底改变了欧洲蔷薇的命运。如今在市场上以"玫瑰"之名出现的花朵，大都是200多年前远赴欧洲的中国月季的后代。

纵然被称为"玫瑰"，它们还是有非常明显的现代月季特征，比如叶片光亮，花朵颜色更为丰富，并且茎秆上的刺也比真正的玫瑰少很多。但在西方，现代月季就是用来表达爱意的花朵，我们只是给这些花朵加了一个容易引起误解的名字而已。

不管是玫瑰还是月季，它们的刺都是皮刺，也就是刺附着生长在茎皮上，并没有木质茎秆的内心。枣树的刺就是有木质内心的，是茎刺的代表。两种刺都是为了植物的自我保护而存在。

> # 中国味儿的花朵

　　你可能会问："月季是舶来的爱情花朵，那中国有爱情花吗?"其实中国很早就有表达爱意的花朵，那就是黄花菜。

　　黄花菜是中国特有的花卉类蔬菜，这种阿福花科萱草属的植物也是土生土长的华夏植物，因为有特殊的香味又被称为"柠檬萱草"。而那些在花坛里"闹腾"的花朵是同属的"兄弟"——萱草。在古代，"萱"代指母亲，母亲的别称为"萱亲"，母亲的居室称"萱堂"，母亲的生日称"萱日"，母亲之寿则称为"萱寿"。

　　我们的祖先其实很早就注意到了美丽的黄花菜，在《诗经》中就有关于黄花菜的记载："焉得谖草，言树之背。"这里的谖（同"萱"）草就是我们熟悉的黄花菜。中国人爱花也爱吃，所以在三国时期魏国嵇康的《养生论》中就有"萱草忘忧，亦为食之"的说法，可以想见那个时候人们已经开始吃这种花朵了。

　　吃黄花菜究竟能不能忘忧，这点无从考证，但可以肯定的是，我们现在吃到的黄花菜与 2000 年前人们吃到的黄花菜没有

黄花菜进入盛产期后，一般可采花 20～30 年。

太大的区别。因为黄花菜依赖分株繁殖，按现在时髦点的说法就是克隆了，在黄花菜的种植上有个特别的名字叫"分兜"。少了有性繁殖的重新组合，克隆繁殖让黄花菜像是从一个模子里刻出来的。现在因为黄花菜栽培区域之间很少交流，所以逐渐形成了很多特别的品种，比如"四月花""荆叶花""茄子花""茶子花""猛子花""炮筒子花""中秋花"等。它们开花时间不同，花朵形态各异，不过长长的花冠管和黄色的花瓣是黄花菜不变的特色。

虽然黄花菜一直都不是大宗蔬菜，但是它们的名气可不小。"等得黄花菜都凉了"，你一定听到或说过这句话吧？黄花菜出现时值初夏，这个时候春天的嫩苗已经不再那么鲜嫩，夏天的瓜果还没有生长成形。这些鲜嫩的花蕾正好弥补了空当，成为夏初蔬菜中的得力补充。再加上黄花菜本身具有的花香，想让人不爱上都难。

黄花菜的花瓣中含有罗勒烯、芳樟醇、α - 金合欢烯、橙花叔醛等物质，这让黄花菜具有特殊的柠檬香味。很可惜，我们吃的黄花菜更多的是没有香味的干制品，那一根根棕黄色的干制品倒更像黄花菜的另一个别名——金针。与制作茄子干、豆角干不同，制作黄花菜干不单单是为了保存这些娇嫩的蔬菜，更重要的是保证我们在餐桌上没有性命之忧。

植物
名片

黄花菜

拉丁学名：*Hemerocallis citrina*
别　　称：柠檬萱草、金针花、金针菜
分　　类：阿福花科萱草属
常 见 地：山坡、林缘等

黄花菜的致命"武器"

黄花菜是含有秋水仙素的。秋水仙素是很多单子叶植物的标配"化学武器",人只要吃下 0.1~0.2 毫克就会中毒,这相当于 100 克鲜黄花菜中秋水仙素的含量。秋水仙素会刺激消化道,影响中枢神经,特别是呼吸中枢的活动,人在中毒之后就会感觉到恶心,还会呕吐,体温降低,如果吃下去的秋水仙素太多、太急还有可能丧命。此外,秋水仙素还有一定的肝肾毒性,影响人体肝脏和肾脏的功能,产生不可逆的损伤。

秋水仙素的霸道之处还在于它的远期效应,那就是在细胞分裂过程中阻止染色体的正常分离。一般来说,细胞在生长过程中就为一分为二做好了准备,准备好的细胞中都有双份的 DNA,这样就能公平合理地分配给新生的细胞。为了公平分配,DNA 和组蛋白会聚合成火柴棒模样的染色体,并且聚集在细胞的中部,等到细胞分裂开始,染色体就会被一种叫纺锤丝的结构拉向两端,染色体就能平均分配了。而秋水仙素就能

✏ 路边的观赏萱草不是黄花菜。

阻止拉扯染色体的活动，最终的结果就是有些细胞里没有染色体，而有些细胞里有双倍的染色体。在大多数情况下，等待这些细胞的命运就是死亡。所以即便是低于急性中毒剂量，人长期服用秋水仙素也有很大风险，会引起白细胞和血小板数量下降、局部组织坏死等问题。

等一等！这句话好像有点问题：如果是已知的毒药，为什么会有人长期服用呢？这是因为秋水仙素也是可以治病的，比如在治疗痛风时就需要用到秋水仙素，但是长期服用秋水仙素就会带来更麻烦的问题。因此，从 2010 年起，美国已经停止使用单一配方的秋水仙素。

六月富足

- 不要小看狗尾草
- 中国人餐桌上的大豆
- 一波三折的杂交水稻之路
- 粳米籼米是一家
- 面粉与面粉大不同
- 位列五谷的外来作物

六月是农民伯伯既喜欢又烦恼的月份。喜欢的是，田里到处都是金灿灿的麦浪和谷穗；烦恼的是，要在阴雨天的间隙把小麦收回粮仓，还得抓紧时间插秧，这就是有名的"双抢"作业。富足的背后是劳动者的辛勤汗水。问你一个问题：除了人类，还有其他动物会种地吗？

位列五谷的外来作物

关于五谷究竟都是什么作物有很多说法，其中公认的是稻、黍、稷、麦、菽，分别是水稻、大黄米、小米、小麦、大豆。值得注意的是，除了小麦，其他四种植物都是中国原产的。为什么一种外来植物的地位如此重要？让我们一起去寻找答案吧！

在黄河流域如果把时间倒推 4000 年，我们祖先餐桌上的主食应该是各种粟，也就是小米制品。那时的小麦还在小亚细

🌿 植物名片

普通小麦

拉丁学名: *Triticum aestivum*
别　　称: 小麦、冬小麦
分　　类: 禾本科小麦属
常 见 地: 农田等

亚的河谷里"晒太阳"呢。

早在 7000 年前，中东地区的人们就开始收集和种植小麦了，不过那并非是我们今天吃的普通小麦，而是野生一粒小麦。与现在的小麦相比，一

🖉 麦场古图

粒小麦的产量就比较少了。不过，有总比没有好。

在后来的种植过程中，一粒小麦与田边的拟斯卑尔脱山羊草杂交，产生了二粒小麦。细心的农夫把这些籽粒更饱满的种子收集起来，开始种植。再后来，"不安分"的二粒小麦又同田边的粗山羊草交流了一下"感情"，于是它们的"爱情结晶"——真正改变世界食物格局的普通小麦诞生了。

大约在 4000 年前，小麦就进入了中国新疆地区。但是它进入中原又是 1000 年之后的事情了。更有意思的是，小麦传进来了，小麦粉的加工技术却还留在老家。所以，在很长一段时间里，中国人吃的都是蒸熟或煮熟的小麦粒。

无论如何，禾本科植物为人类提供了重要的潜在食物来源，从小米到高粱、从小麦到水稻莫不如此，就连长着硬竹竿的竹类植物也能为我们提供点鲜笋。而小麦无疑是其中最闪亮的一个"明星"。

面粉与面粉大不同

有的时候，想要"驯服"面粉也挺难的，比如烤的饼干一点儿都不酥脆，反而筋道十足；而自己做的蛋糕咬在嘴里就像嚼橡皮泥。配料和时间可都是按照说明书来的，连面粉也称过重量，难道说明书是骗人的？其实是面粉用错了，真是冤枉了说明书！

白白的面粉，我们再熟悉不过了，又不可能错用成米粉，难道面粉还有不同的种类吗？与稻米的食用部位类似，麦粒的主要食用部分是它的胚乳，主要成分也是淀粉。只不过与稻米胚乳相比，小麦胚乳中的蛋白质含量更多。

我们不妨做个简单的小实验。先用面粉和水揉出一个小面团，用纱布把小面团包裹起来，然后放在装满水的盆里使劲揉搓，水盆里面的水会逐渐变成乳白色，那就是淀粉的颜色。纱布中的面团会越来越小，但是不会完全消失，最终纱布里会剩下一小块像口香糖一样的东西，这就是面粉里的蛋白质。我们把这种蛋白质称为面筋，蒸熟的面筋咬在嘴里还有几分肉的感觉呢。

按照蛋白质含量的不同，面粉可以划分为低筋面粉（蛋白质含量6.5%~8.5%）、中筋面粉（蛋白质含量8.0%~10.5%）和高筋面粉（蛋白质含量10.5%~13.5%）。正是蛋白质的存在让面条和面包有了筋道的口感，所以在制作面条或面包的时候，我们需要选择蛋白质含量高的高筋面粉。如果用高筋面粉来烤饼干，那样的饼干多半会变成牛皮糖。所以，做蛋糕和饼干时，你一定要选择蛋白质含量低的低筋面粉。

🖊 小麦品种很多，中国南北各地广为栽培。

　　每次吃牛肉拉面，见到拉面师傅拉面的场景，你会不会感觉这是一个娱乐项目？看着面团在拉面师傅的手中越拉越细，自己就想上手操作。但是，拉面可真是技术活，并不是谁都能玩得转。

　　拉面面团里不仅有面粉，还会有硼灰。添加硼灰并不是为了让拉面的口味变得更好，而是要让面条变得更容易延展，口感也更筋道。其原理主要是硼灰可以促进面粉中的蛋白质形成网络，同时使水分分布更均匀，这样面条就筋道了。

　　你在家中操作的时候，可以添加盐来改变面粉的筋道程度，但是千万不要以为盐加得越多越好。一旦加入超量的盐，水分分布和面筋网络形成会受到影响，面条的品质会降低。一般给 500 克面粉添加不超过 3 勺盐就够了。

粳米籼米是一家

在基因组检测技术诞生之前，面对纷繁的稻米品种，连分类学家都搞不清它们之间的关系。圆润清爽的粳米、纤细柔美的籼米、软糯香甜的糯米……完全不像从同一个"娘胎"出来的种子。好在目前的分析技术已经可以帮助我们查到它们的家谱：所有的这些稻米都来自同一个祖先——普通野生稻。

水稻之所以能成为我们的粮食，是因为掌管籽粒脱落的基因出了问题，它们失去了散播种子的能力。所有的籽粒只能乖乖地"守"在稻穗上，等待农民伯伯去收割。通常植物的种子在成熟之后就会脱离母体去寻找新的生活区域，禾本科植物的种子更是如此，它们随时成熟，随时掉落。

随着生活水平的提升，大家越来越关注营养和健康，于是开始吃全麦面包和糙米。究竟什么是糙米呢？

同绝大多数种子植物一样，水稻"妈妈们"也会给自己的孩子准备粮食，这些特殊的粮食就是我们吃的米粒。晶莹剔透的米粒其实是一个称为胚乳的结构，在水稻的胚乳之中有大量的淀粉和少量的蛋白质，它们能为生命提供必需的营养和能量。我们吃的米粒只是水稻种子的一部分。

要找一个完整的水稻籽粒，其实也不难，超市和菜市场里出售的紫米就是完整的水稻籽粒。我们喝紫米粥的时候，会感觉到紫米有个稍硬的外壳，那就是水稻的果皮和种皮结合体。包括水稻在内的所有禾本科植物，其果实的种皮和果皮都是合在一起的，我们根本没办法把它们剥开，这样的果子称为颖果。所以，水稻籽粒的外皮也可以叫果皮或种皮，但是都不准确。

因为给紫米上色的花青素都分布在果皮上，所以我们吃紫米的时候都是带皮吃的。如果把这层皮脱掉，那紫米就同普通大米没啥两样了。我们尝试着把紫米粒用水稍稍浸湿，耐心地把这层外皮剥掉，在米粒的一端就会发现一个颜色有差别的乳白色小点，那才是水稻籽粒真正的核心——胚，它们将来会长成水稻的身体。

果皮和胚都会影响人们的口感，人们在加工稻米时把它们都去掉了，因此我们吃的都是精米。现在又有人说我们该吃点糙米了，因为果皮上有很多维生素，比如维生素B1。你知道吗？缺乏维生素B1可能会得脚气病。不过，在食物种类丰富的今天，我们完全可以从其他蔬菜和肉类中得到维生素B1。能尽情开心地享用一碗香喷喷的精致大米饭，大概是我们现代人才有的好运气吧。

103

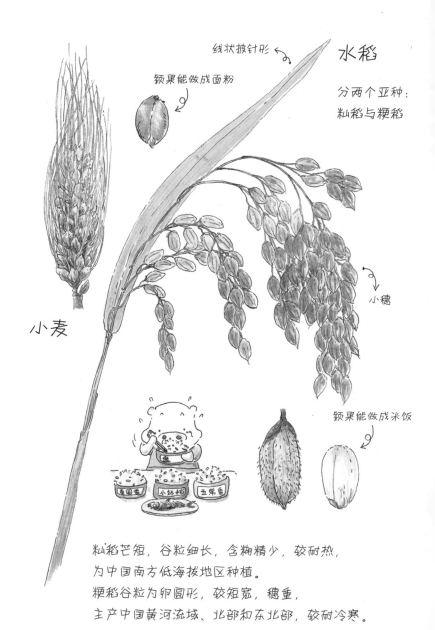

线状披针形

水稻

颖果能做成面粉

分两个亚种：
籼稻与粳稻

小麦

小穗

颖果能做成米饭

籼稻芒短，谷粒细长，含糊精少，较耐热，
为中国南方低海拔地区种植。
粳稻谷粒为卵圆形，较短宽，穗重，
主产中国黄河流域、北部和东北部，较耐冷寒。

一波三折的杂交水稻之路

说到中国水稻，就不能不提杂交水稻；说到杂交水稻，就不能不提袁隆平院士。袁隆平从来不自称科学家，他说自己充其量只算一个农学家，一天到晚跟农田打交道。但就是这位"农学家"的杂交水稻理论，帮助中国水稻产量在过去 20 多年间翻了一番，让 14 亿人免受饥荒之苦。如今，水稻产量还在不断攀升，而这一切要从 50 年前那株特别的水稻说起。

袁隆平自毕业之后就一直从事水稻的育种工作。这个工作看起来很简单，就是从稻田中选出那些谷粒大、穗子长、抗病虫的稻谷保存下来。等来年开春，再把这些谷粒播种下去，就能得到更多、更优质的稻谷了。但是，这个过程漫长而枯燥，可能很多年都不会出现好的种子。

你可能会说："把那些长得好的水稻进行杂交，不就能得到更好的种子了吗？"

这话说得没错，而且从很早之前开始，这个方法就已经用在西瓜、西红柿等农作物上了。很长时间以来，为什么杂交会带来高产量，这一直是个"黑箱"。直到 2010 年来自以色列希伯来大学和美国冷泉港实验室的研究人员，在《自然》杂志上发表了一项研究成果。

在这个研究中，科学家发现杂交产量大增的原因竟然是一个本该促使西红柿开花的基因失去了作用，有这样缺陷的个体只会长出更多茂盛的枝叶。当这些缺陷个体跟正常个体杂交时，茂盛生长和结果这两组基因就结合在一起了。于是，杂交个体就有了高产特性。

但水稻的杂交并不容易实现。水稻的雌蕊和雄蕊是同时成熟的，一旦开花，所有的雌蕊都会被自家雄蕊产生的花粉占领，根本轮不到外来的花粉，也就不可能出现杂交的个体了。袁隆平并没有放弃。终于功夫不负有心人，他在稻田中发现了一株稻穗特别壮硕的水稻。他把这个稻穗细心收好，播种到田里，结果发现种出的水稻全然不像它们的母亲那样健壮，不仅稻秆高高矮矮、差异明显，连谷穗也是大大小小、各不相同。不过，天然杂交个体出现的概率很低，自然传粉水稻的异花授粉比率还不到 5%。

怎样才能高效地制造出杂交水稻的种子呢？可能你会说，直接把一些水稻花的雄蕊去掉，用其他花朵给它们授粉就好了。

✏ "中国杂交水稻之父" 袁隆平

如果你看过水稻开花，会发现每个稻穗上都有上百朵小花，每朵小花有 6 个雄蕊，几乎不可能把这些雄蕊挑拣干净。

就在大家埋头寻找剔除水稻雄蕊的方法时，袁隆平想到了另一条道路——寻找那些雄蕊本来就不发育的水稻个体。他在大田中找到了 6 株天然的雄蕊不发育的水稻植株。在接受正常水稻花粉之后，这些雄性不育的水稻结出了谷穗，它们的后代里也有雄蕊不发育的个体。1966 年，这个发现通过中国顶尖的杂志《科学通报》公布了出来，但是当时文章并没有引起大家的注意。随后，1968 年袁隆平的研究受到了阻挠，实验的种苗被尽数毁坏，初露曙光的水稻杂交之路被迫中断。

但袁隆平并没有就此放弃，他在一口废井中找到了 5 株秧苗，实验就此继续。但是，杂交的结果并不是很理想，这些杂交后代并没有如大家想象的那样长得更高、更壮。此时，社会上出现了"杂交无用论"的声音。袁隆平的工作再次陷入"泥沼"之中。

这些栽培的雄性不育水稻同其他水稻的关系太亲近了，就像人类近亲结婚可能会生下有缺陷的后代一样，关系亲近的水稻杂交一样不会有太好的结果。

不过故事并没有这样结束。袁隆平团队在海南发现的一棵雄性不育的野生稻拯救了杂交水稻事业。在引入这苗名叫"野败"的水稻个体之后，水稻杂交的道路被打通了。1976 年，全国推广杂交水稻 13.87 万多平方米，增产幅度达 20% 以上。1977 年，袁隆平发表了《杂交水稻培育的实践和理论》与《杂交水稻制种与高产的关键技术》两篇重要论文。中国成功培育杂交水稻成为世界农业史上的一个重要里程碑。

植物名片

稻

拉丁学名：*Oryza sativa*
别　　称：水稻、稻子、稻谷
分　　类：禾本科稻属
常 见 地：农田等

中国人餐桌上的大豆

你是哪里人？喜欢吃米饭还是面食？通常南方人钟情水稻，北方人喜欢小麦，在这件事上还真不好调和。南方人口中的吃饭特指吃大米饭，至于馒头、包子和面条都是他们眼中的点心；北方人好面食，如果不是踏踏实实地来点面条或包子，这五脏怎么能舒服呢？但无论是南方人，还是北方人，大家都会吃一种食物，那就是大豆。南方人好甜豆腐脑，北方人爱咸豆腐脑；四川人爱麻婆豆腐，北京人爱红烧豆腐；云南有豆豉，东北有豆酱；连非洲的华人社区都有自己的豆腐坊。时至今日，豆腐和大豆已经成为中华民族的一个特别标签。这小小的大豆种子究竟有什么样的魔力呢？

名列五谷的大豆有一个特别的名字——菽。有考古证据显示，在3000年前我们的祖先就开始种植大豆了，而且还在6000年前的遗址中发现了野生大豆，说明中国古代人利用大豆的历史比我们想象的要悠久得多。

　　蛋白质对人类来说非常重要，因为这类食物关乎人体的生长和大脑的发展。在古代文明中，两河流域有野牛，南美洲有羊驼，北非有骆驼，而我们中国有大豆。大豆的蛋白质就藏在它们的两片豆瓣之中。

　　这两片豆瓣的正式名称是子叶，顾名思义就是种子的叶子，它们是大豆幼苗破土而出之后展开的第一对叶子。不过子叶也可以像其他叶子那样，吸收阳光为大豆苗提供营养，但是它们更重要的使命却是储存营养，为种子生长当好"后勤官"。

　　我们在聊到小麦和水稻种子的时候不断提到一个名词——胚乳，那是小麦和水稻存放营养的地方。大豆中却没有胚乳的影子。实际上，大豆种子刚刚开始发育的时候，还真有过胚乳，只不过后来这些胚乳被转移到了更好的"仓库"子叶中去了。另外，小麦和水稻胚乳的主要成分是淀粉，而大豆子叶的

植物
名片

大豆

拉丁学名：*Glycine max*
别　　称：毛豆、黄豆、菽
分　　类：豆科大豆属
常 见 地：农田等

🖉 毛豆是还没有完全成熟的大豆。

成分为蛋白质。这种区别不仅是小麦和水稻同大豆的区别，还是单子叶植物和双子叶植物的区别。

虽然存放营养的"仓库"不一样，但是大豆、小麦和水稻的核心部位都是一样的，那就是胚。我们把大豆泡软，剥开大豆的外皮（也就是种皮），把两个子叶掰开，就会看到一个小芽，这就是胚。将来这个小芽会变成根，变成茎秆，变成叶片，长成整个大豆的身体。子叶在帮助胚完成最初的生长之后就会脱落，变成泥土的一部分。这是不是说子叶没有胚重要呢？当然不是，如同一个手机失去了电池不能正常工作一样，如果失去了子叶的支持，大豆的胚也会变成"光杆司令"。相互偎依、相互支持，没有绝对的"老大"，这才是生命运转的真谛。

为什么我们吃多了大豆容易放屁呢？这不是因为蛋白质太多，而是因为黄豆含有一种叫寡聚糖的多糖类物质。我们肠道里的细菌特别喜欢植物中的这种物质，并且会用寡聚糖制造出很多甲烷气体。当甲烷积累太多的时候，我们就忍不住放屁了。有意思的是，我们吃大豆产生的气体的主要成分，居然跟厨房里使用的天然气的主要成分是一样的。

毫无疑问，放屁并不能产生足够的烧饭燃料，只会给我们带来很多麻烦。于是我们的祖先很早就想出了一个特别的办法，那就是把大豆磨成豆浆，然后在豆浆中加入盐卤或石膏，蛋白质就会沉淀并且把水分包裹起来，形成像果冻一样的物体，这就是豆腐脑。我们再把豆腐脑压制紧实，排出水分，豆腐就产生了。在制作豆腐的过程中，多糖类物质会随着压出的水分"跑"出去，因此我们吃豆腐远比直接吃大豆要舒服许多。

豆制品已经成为餐桌上不可缺少的食材。

不要小看狗尾草

人类是极少数会种植农作物的生物，所以在人类诞生之前所有的植物都处于野蛮生长的状态，小麦、水稻和大豆都是如此。只不过，我们今天已经很少能见到这些粮食作物的野生祖先了，感受不到它们从野地到农田的巨大变化。但是有一种粮食作物的祖先还生长在我们身边，那就是狗尾草，它们的后代是小米。

粟是狗尾草的后代。

不过这农田不是谁想进就能进的，一种植物要成为粮食作物必须具有三大技能：一是种子多、产量大；二是命要"硬"、易种植；三是好收获、易收割。前两点很容易理解，种子多、种植又容易的植物，谁不爱呢？第三点则是容易被忽略的能力，但是非常重要，试想一下如果水稻和小麦的种子像蒲公英那样，被大风一吹全都变"小伞兵"了，那辛苦了一年的农夫还不得在田埂上痛哭啊。所以，成熟的种子老老实实地待在枝头，也是野生植物成为农作物的重要能力。

如果这三点都能实现，这种植物就很有可能进入我们祖先的"法眼"了。狗尾草恰恰就满足这三点，于是我们的祖先从 7000 多年前就开始栽培狗尾草的后代，并且给了它们一个新的名字——粟。

在中国北方，人们很长时间以来就以小米为生。今天你熟悉的是小米粥和小米煎饼，唐朝之前的北方居民吃的可是小米饭——同今天的大米饭一样的小米干饭。小米干饭的口感显然不如大米饭，所以在水稻种植兴起之后，吃小米干饭的人家越来越少。

植物
名片

粟

拉丁学名：*Setaria italica* var. *germanica*
别　　称：谷子、小米
分　　类：禾本科狗尾草属
常 见 地：农田等

不管是小米还是大米，我们吃的部位都是它们的胚乳，而胚乳里面的主要营养就是淀粉。淀粉分为让米粒干爽的直链淀粉，以及让米粒又黏又糯的支链淀粉。这两种淀粉的含量决定了米粒的口感。

有时候，妈妈会说这小米的"油性"真大，熬出来的粥都是黏糊糊的。其实那并不是"油"多，而是支链淀粉更多，这样的小米就是糯性小米，就跟大米中的糯米一样。

除了让我们的嘴巴糊上一层"米油"，糯性小米还有一个特殊的用途——修城墙。你很惊讶吧？在古代，人们没有水泥混凝土，但是仍然能修建坚固异常的城墙，很多时候靠的就是小米粥。熬好的小米粥同沙子、石灰混合，就变成了特殊的砂浆。这种砂浆是非常好的黏合剂，能够把巨大的城砖黏合在一起，并能经受炮火的轰击，堪称古代的水泥。当你再看到巨大古城墙的时候，不妨想象一下几千年前人们用小米粥修建城墙的场景，是不是很有趣？

对了，那个问题有答案了吗？除了人类，还有其他动物会种地吗？告诉你吧，真的有。有些种类的切叶蚁会把叶片切成小片搬回巢穴。不过，这些叶片并不会被直接吃掉，而是被当成培育蘑菇的肥料。等像蘑菇一样的真菌从叶片上生长起来后，切叶蚁就能享受大餐了。

七月
恬淡

你是否也曾喊出过"世界那么大，我想去看看"的口号？可是回过头来看，如果偏安一隅不能找到安静，走遍全球又能获得什么安慰呢？在我看来，拥有一颗恬淡的心，比享受恬淡的生活更真、更美！七月的花朵们比我们更理解其中的真意。

谁道花无红百日

　　看似平静的生物界总有自己的热闹法则，表面上恬淡的生活，也总有涌动的激情和力量。盛夏 7 月，植物世界渐渐消停了，浓浓的墨绿色树荫代替了锦簇的花团。没有多少花草喜欢在流火的空气中绽放自己的花朵。紫薇是个特例，在庭院的山石之间、在公路的绿篱之间、在公园的亭台之间，都有它们或紫、或粉、或白的花朵冒出来。

　　紫薇花的花期很长，在温度适宜的地方可以从 6 月份一直持续到 9 月份。正因如此，紫薇还有一个特别的名字叫"百日红"，南宋诗人杨万里在诗中这样咏赞紫薇花："谁道花无红百日，紫薇长放半年花。"可见，紫薇与荷花一起为夏日浓浓的绿荫增添了几抹亮色。

　　正因如此，紫薇一直都是我国园林中的常客，其最早的栽培历史可以追溯到 1500 年前，在唐朝盛极一时，甚至占据了皇宫内苑的大部分区域。这可能与当时的一个事件相关，唐玄

在南方常见的风铃木、蓝花楹是紫葳科的植物。

宗治下，最高行政机构中书省被改名为"紫微省"。名为紫薇的花朵也就沾了光，顺理成章进入了官方机构和皇宫。但是，没过多久紫微省又被改回了"中书省"，再加上后世动荡，紫薇再也没有那么风光的"出场"机会了。不过，那些进入庭院的紫薇树都安顿了下来，静静地享受恬淡的生活。

紫薇的植株不高，通常我们看到的紫薇树只有一个成年人的个头，但是花朵却非常惹眼，每朵花都有6片羽毛状的深紫色花瓣，每片都有很长的"柄"。花瓣的边缘都有褶皱，让人有种感觉——这花朵"烫头"了吧。花瓣中央黄色的花蕊是蜜蜂的最爱，那可是补充花粉的好地方。把这些特征组合在一起，你应该一眼就能认出紫薇花了。

如果仔细看紫薇雄蕊的模样，你会发现有两种类型的花蕊。一种是花丝比较短，集中在花朵中央的雄蕊，这是真正的蜜蜂"食堂"所在地。在它们周围还有很多花丝很长、像是路灯一样的雄蕊，这才是真正用于繁殖的雄蕊。在蜜蜂忙于收集中央雄蕊上的花粉的同时，周围的雄蕊就把花粉"抹"在了昆虫身上，达到有效传播花粉的目的。

植物名片

紫薇

拉丁学名：*Lagerstroemia indica*
别　　名：痒痒树、紫金花、百日红、无皮树
分　　类：千屈菜科紫薇属
常 见 地：城市路旁、公园等

痒痒树为什么会动

　　紫薇还有一个好玩的名字叫"痒痒树"。在无风的日子里，如果你轻轻挠挠它们主干的枝丫，会发现枝头的叶子和花朵都在颤动，就好像被挠了胳肢窝的小朋友，笑得花枝乱颤。有人说这是风在捣乱，可是我们在无风的日子里也屡试不爽。会动的植物并不少，最出名的当属捕蝇草和含羞草了。捕蝇草为捕食昆虫而动，含羞草为了避免被昆虫捕食而动，不过它们都是利用细胞内的水分进出调节细胞的压力，最终驱动叶子和"陷阱"运动的。

　　遗憾的是我们至今还不知道痒痒树为什么会动的确切答案，有一个比较靠谱的说法是这种植物的维管束结构比较特殊，可以有效传递能量，至于如何传递，仍然是个谜。

　　其实，紫薇只是千屈菜科紫薇属家族的一个成员，紫薇属在全球有 55 种，我国有 21 种。但并不是所有的紫薇属植物都只能当"花瓶"，大叶紫薇就是能"挑大梁"的植物。大叶紫薇株高 25 米，并且木材质地坚硬，纹理美观，还耐腐蚀，经常被用来制造家具、桥梁、电杆、枕木等，也是很好的造船材料。

在植物学上，有一个科与紫薇同音不同字，这个科就是紫葳科。紫葳科有很多花朵艳丽的成员，比如我们经常看到的凌霄花、炮仗花、蓝花楹，以及"新兴"的火焰树等。它们的花朵通常呈牵牛花般的喇叭状，你一看就会知道跟紫薇花不是"一家人"。比如，凌霄攀缘而生，花冠大且鲜艳夺目。

时至今日，紫薇都安静地站在庭院之间、道路之旁，静静地展示一份恬淡的生活情趣。虽然它们有过辉煌的巅峰"表演"，但是那种辉煌已经与唐朝的皇宫一起化为尘土，留下的只有对那个辉煌时代的记忆和想象。

◊ 植物名片

凌霄

拉丁学名：*Campsis grandiflora*
别　　名：紫葳、苕华、五爪龙
分　　类：紫葳科凌霄属
常 见 地：林中高大树木上、庭院墙壁等

顶生圆锥花序

紫薇

落叶灌木或小乔木，
枝干多扭曲，
小枝纤细，具4棱，
略成翅状。
叶互生或有时对生，纸质，
椭圆形、阔矩圆形或倒卵形。

成熟开裂

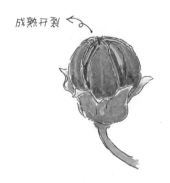

假冒花蕊的平静生活

有些花来的时候是静悄悄的，正如它们悄悄地走一样。它们完全没有樱花那般绚烂，也没有像昙花那样留下惊鸿一瞥，一切都那么平常普通，就好像从来都不曾来过。有一天，我们偶然注视花盆，会感叹一声："咦！这花啥时候开的？"就连这句感叹，也很快会被时间冲淡。红掌和白掌就是这样的花朵。

不论是红掌还是白掌，它们的植株都算不上惹眼，略显宽大的叶子除外。不过，由于对生活环境要求不高，红掌和白掌成了很多办公室的绿植首选。有一天，当我们仔细观察这些花朵的时候，会发现它们还真的不一样。

红掌和白掌都是天南星科的植物，它们的长相有几分相似——都有一个巨大的"花瓣"和玉米笋一样的"花蕊"。可惜，如果你是这样看这种花的话，那就被它们骗了。这些"玉米笋"上的小颗粒才是真正的小花。这个由很多小花组成的花序长得肉乎乎的，所以得名肉穗花序。那个巨大的花瓣其实是所有小花的包被，它有一个专属名称"总苞"，因为形似佛陀身后的火焰，所以通常被称为"佛焰苞"，这是天南星科植物的共同特征。

佛焰苞的作用一是在开花之前保护小花，二是在开花之后吸引昆虫为这些花朵传播花粉。可能你会问，为什么这么多小花造出一个"大花瓣"呢？原因就是众多小花共用一个总苞，比单独制造花瓣要节省很多能量，毕竟植物制造的养料都很宝贵，要节省使用，还有那么多种子需要汲取营养才能正常生根发芽呢。

植物名片

花烛

拉丁学名：*Anthurium andraeanum*
别　　名：红掌、红鹅掌、红苞花烛、蜡烛花
分　　类：天南星科花烛属
常 见 地：城市路旁、公园等

奇奇怪怪的旅馆和客人

　　除了颜色醒目，很多天南星科植物的总苞对传粉昆虫也有特殊的吸引力。比如，魔芋的总苞长成了一个小圆筒，不仅能遮风避雨，还自带"加温服务"。所以佛焰苞里的温度通常会比环境温度高很多，疣柄魔芋雄花序里的温度甚至可比外部温度高9℃。于是，这里就成了很多昆虫度过寒夜的好居所。

　　为了吸引"房客"，魔芋还会释放出恶臭气味——这在喜欢腐肉和粪便的甲虫鼻子里，就是大餐的信号。有哪只甲虫能抵御一个温暖舒适又香喷喷的房间的诱惑呢？当然，魔芋这"旅馆"可不是白住的。甲虫如果投宿在魔芋花"旅馆"里，离开的时候就会带走很多花粉；当它们再次进入"旅馆"的时候，就会把花粉传递给小小的雌花，完成传播花粉的工作。

　　你会不会认为红掌和白掌倒不是那样机关算尽，只是展现美丽的总苞而已？事情并没有这么简单！红掌的"表亲"——花烛属的植物美丽花烛（*Anthurium formosum*）会为传播花

✎巨魔芋的总苞长成了一个小圆筒。

粉的胡蜂准备特殊的"荷尔蒙香水"，这些特殊的化学物质可以帮助雄性兰花蜂吸引雌性兰花蜂，所以胖胖的肉穗花序就成了"香水供应商"，这样的花朵根本不用为花粉搬运的事发愁。而白掌的"表亲"——白鹤芋属的植物柊叶白鹤芋则是用花粉来吸引甲虫，同时用蜡质来吸引蜂类传粉者。

在凑近红掌和白掌的时候，你可要注意安全。网上盛传的此类植物有毒并非虚言，作为天南星科家族的成员，红掌和白掌体内都含有大量的草酸钙针晶，这种物质会刺激皮肤和黏膜。如果你不小心被其汁液喷溅在皮肤上，会引发红肿、刺痒；如果误食了其汁

128

液，则会引起喉头水肿，甚至会窒息。所以，你可千万不要因为好奇而攀折或误食此类植物。当然，网上盛传的红掌和白掌能释放毒素这种说法倒是谣言，只要我们不去啃食这些植物，一切都是安全的。

植物名片

白掌

拉丁学名: *Spathiphyllum floribundum* 'levlandil'

别　　名: 和平芋、一帆风顺

分　　类: 天南星科白鹤芋属

常 见 地: 公园、庭院等

八月时差

农耕时代，我们日出而作，日落而息；工业时代，我们朝九晚五；信息时代，我们似乎黑白颠倒，在午夜零点还要奋战在电脑屏幕前。其实，还有很多花草跟我们生活在同一地域，但是并不在同一"时区"。8月，让我们体验一下时差的神奇吧！

晚饭花上的食客们

不是所有的生物都习惯在白天劳作，我们知道夜晚有神秘的蝙蝠，有讨厌的蚊子，还有各种花花草草在工作。千万不要以为植物们都生活在阳光之下。

有很多花朵是在白天开放的，特别是以向日葵为代表的花朵几乎就是追逐太阳的代名词。但是夜晚开放的花朵也有很多，除了紫茉莉，还有鼎鼎大名的昙花、巨魔芋等。这是植物对自身生活环境的一种适应。

8 月的太阳火力全开，满树的绿叶都是懒洋洋的，只剩下知了还在卖力地叫喊。不过，当太阳下山，暑气稍稍退去，活力又重回大地的时候，花儿们又准备绽放了。在我家楼下，就种着一大片这样的小花。我每天上午 9 点下楼的时候看不到它们开花，所有的花朵都是花蕾的模样。但是在晚饭时分，我经过这片花圃的时候，浓浓的花香就像一只大手把我一下子"拉"到花朵面前。花儿朵朵精神，全然没有午间的颓萎，这些花朵就是紫茉莉。

　　紫茉莉并不是中国原产植物，它们从遥远的美洲漂洋过海而来。200多年过去了，这种植物已然有了"中国味儿"，俨然一副本土植物的模样，在有些地方甚至长成了野草。不过它们白天睡觉、夜晚开工的秉性却没有改变。于是在中国，它们有了一个很亲切的名字——"晚饭花"。

植物
名片

紫茉莉

拉丁学名：*Mirabilis jalapa*
别　　称：晚饭花、野丁香、地雷花、白开夜合
分　　类：紫茉莉科紫茉莉属
常 见 地：庭院、公园等

夜晚开花的秘密

　　这些夜间开放的花朵通常生活在比较炎热的地区，至少是开花期白天比较炎热的地方，比如戈壁。在烈日下开花有很大风险，且不说高温会影响花粉和胚珠的活力，单单是找到在烈日下搬运花粉的动物就是件烦心事。再好吃的花蜜也没办法诱惑传粉动物在高温下工作。所以，把开花时间挪到相对凉爽的夜间成了很多植物的选择。

　　你可能会问："晚上既没有蜜蜂，也没有蝴蝶，谁会帮花朵传粉呢？"其实，很多夜间活动的动物都可以担负帮助花朵传宗接代的重任：天蛾代替了蜜蜂，蛾子代替了蝴蝶，还有蝙蝠和老鼠来凑热闹。炎热的夜晚出来探寻一下，你会发现星光下的世界一点都不寂寞，运气好的话，你还能窥到蝙蝠来为仙人掌的花朵传播花粉呢。

　　为了跟上这些夜空中访问者的节奏，花朵们必须做出一些"调整"。比如，夜晚开放的花朵大多有比较明显的香味，这实际上就是在为传粉者们指明方向。另外，通常夜晚开放的花朵颜色比较浅，这也是为了让传粉动物在夜晚更容易发现提供花粉和花蜜的"快餐店"。更有意思的是，有些花朵为了方便蝙蝠识别，竟然准备了特殊的回声装置。蜜囊花科植物靠近花朵的叶子就像一个个小碟子，可以准确地将蝙蝠发出的声波定向反射回去。蝙蝠通过感应回声就能迅速找到这些花朵，吸食花蜜，同时完成传粉工作。

紫茉莉除了特殊的香味之外，并没有蜜囊花那样的特殊设备。它们要吸引的是天蛾。从花朵形状上我们也可以看出这里面的花蜜是为谁准备的，紫茉莉的花瓣组成了一根长长的管子，只有嘴巴够长的动物才能通过这根管子尝到花蜜，天蛾就是最合适的长嘴食客。

当然，你可能又会问："我从来没见过有天蛾给紫茉莉传播花粉，那它们怎么就结果子了呢？"原因很简单，紫茉莉自己给自己授粉，也就是自花授粉，就可以完成繁育任务。所以，即便没有得到传粉者的服务，它们依然能育有高质量的后代。在授粉完成后，紫茉莉的幼果就开始发育了，一个多月之后我们就能看到很多黑色的像地雷一样的小果子，所以我们也把紫茉莉称为"地雷花"。

紫茉莉

一年生草本，
根肥粗，倒圆锥形。
茎圆柱形，节稍膨大。
叶卵形或卵状三角形。
花被高脚碟状，
花丝细长，伸出花外，
常午后开放有香气。
瘦果果球革质，种子胚乳白粉质。

花叶

指甲上裹着
紫茉莉花汁

草根

✦ 紫茉莉花可以染指甲哦。

果实

137

昙花的深夜深呼吸

要说夜晚的花朵，我们还必须说到昙花，虽然同样来自美洲，但是昙花的名头要比紫茉莉大多了。我还依稀记得20多年前，当外婆家的昙花第一次绽放的时候，午夜我和外公守在花朵旁，就为了领略昙花绽放那一刻的美丽。昙花的美丽太短暂了，等到太阳升起后不久，就会随着日光慢慢淡去。

每个夜晚，昙花都在进行一项特别的工作——深呼吸。植物要进行光合作用，这并不是什么新鲜事。植物要喝水、要晒太阳，这也不是什么新鲜事。可是很少有人会注意到植物还需要吸收二氧化碳。

对植物来说，二氧化碳是光合作用的重要原料，只有在二氧化碳充足的情况下，植物才能把吸收的太阳光能量储存在葡萄糖里。你可能会说："空气中不是有很多二氧化碳吗？根本就不用发愁。"请注意，植物要通过气孔吸收二氧化碳，当气孔处于打开状态的时候，必定会有很多水分从植物的身体里跑

昙花

拉丁学名：*Epiphyllum oxypetalum*
别　　称：琼花、昙华、鬼仔花、韦陀花
分　　类：仙人掌科昙花属
常 见 地：植物园、庭院等

植物名片

出去。对于生活在潮湿地区的植物，这不是问题；但是对于像昙花这种原本生活在干旱区域的植物，这就是棘手难题了。

为了应对这种特殊的保水问题，包括昙花在内的仙人掌科植物演化出一种特殊的应对机制，那就是避开烈日，在凉爽的夜间尽可能地收集、储备二氧化碳，以供光合作用所需。在吸收二氧化碳的过程中，它们会用到一种特别的物质——磷酸烯醇式丙酮酸（PEP），所以这类植物也被称为景天酸植物。

每天晚上，昙花都会把吸收的二氧化碳与磷酸烯醇式丙酮酸结合并生成草酰乙酸，然后再变成苹果酸储备起来。等到白天昙花需要使用二氧化碳的时候，苹果酸又会发生分解，释放出二氧化碳。注意，这个时候的气孔是关闭的，也就意味着昙花可以在一个封闭的小环境中安安稳稳地进行光合作用，再也不用担心水分流失了。整个储备过程就好像昙花做了一次"深呼吸"。当然，这种做法是有代价的——储存和释放二氧化碳会消耗很多额外的能量。但是同宝贵的水分相比，这点能量又算得了什么呢？

这种储备二氧化碳的行为不只发生在昙花身上，还发生在所有仙人掌科植物，以及部分大戟科、凤梨科植物体上，这些植物大多具有多汁的植物体，这也是为了适应干旱环境所采取的另一种应对措施。

最近几年，有些商家开始"开发"景天酸代谢途径植物（CAM）。据称，"这些植物可以在夜间有效吸收二氧化碳，提升居室内的氧气含量"。如此看来，这种夜晚吸收二氧化碳的植物挺能满足朝九晚五的上班族、学生族和备考族的需求，在我们熟睡的时候清理二氧化碳，可能会让睡眠质量更高。

不过需要注意的是，这些植物要吸收二氧化碳可不代表它们不放出二氧化碳。植物要生长，也需要像我们一样呼吸并吐出二氧化碳。如此相抵，景天酸代谢途径植物也不比那些白天工作、夜晚休息的植物高明多少。所谓的夜晚工作的特殊植物，不过是人类的一厢情愿罢了。

火龙果的"心"

除了昙花，我们熟悉的火龙果也是在夜晚开花的。

如果你去市场买过火龙果，就会发现红心火龙果要比白心火龙果的价格高一些。红心火龙果的味道确实更甜，

火龙果的瓣状花被片为白色。

这是因为红心品种的含糖量比白心品种高。另外，红心火龙果需要更多照料才能结果。为什么呢？白心火龙果可以给自己授粉，但是红心火龙果必须把花粉传到另一棵火龙果上，才能结出果实。不仅如此，这个活儿只能在夜晚干，因为火龙果的花朵在傍晚开放，到太阳升起的时候花就萎蔫了。所以想想那些在夜晚辛勤工作的人们，报酬高点也就容易理解了。

最近几年，科学家们已经培育出很多不需要人工授粉的红心火龙果品种，我们很快就能吃上更多、更美味的红心火龙果了。

人类也好，植物也罢，都在按照自己既定的时钟按部就班地完成生命里的任务，也是为了更好地生存下去。在夏日的晚上经过花丛草地的时候，你千万不要以为这些花草完全睡着了，也许你面前的那朵花、那片草，正在执行重要任务呢。

那么你呢？有时熬夜为哪般？

植物名片

量天尺

拉丁学名: *Hylocereus undatus*
别　　称: 火龙果、三棱箭、龙骨花、霸王花
分　　类: 仙人掌科量天尺属
常 见 地: 果园、植物园等

九月谢幕表演

当北风带来湛蓝的天空，"表演"了近一年的植物该谢幕了。荠菜、二月兰这些"金牌龙套"早已到后场休息，它们的种子已经在土壤里蓄势待发了。但我们的家门口还有植物会"表演"到最后一刻，奉上一个精彩的"谢幕"，菊花和银杏就是这样的植物。

要看"黑夜长短"的菊花

作为最后"登台谢幕"的花朵，菊花同秋天紧紧联系在了一起。夏天的时候，任凭你百般呵护，把菊花养得枝繁叶茂，它们也不会开花。而一到秋天，再瘦弱的个体也会抽出一两个花枝。

这不奇怪，菊花是靠辨别黑夜的长度来开花的。看太阳的"眼睛"就藏在菊花的叶子里，当白天足够短、黑夜足够长的时候，开花基因的"开关"就打开了。所以，菊花是典型的短日照植物，只有日照缩短到一定程度，它才开花。如今的技术发展了，我们可以通过调节灯光照射时间，人为营造一个变化的

植物
名片

菊花

拉丁学名：*Chrysanthemum × morifolium*
品　　种：小白菊、小汤黄、杭白菊、绿牡丹
分　　类：菊科菊属
常 见 地：公园、庭院等

环境，"诱导"菊花在不同的季节开放。

你可能会问，庭院中的金鸡菊、黄金菊就在夏季开放，花店里的非洲菊、麦秆菊常年无休，难道也是经过处理的吗？其实，它们都不是真正的菊花，我们说的菊花特指菊科菊属的菊，也是中国数千年来一直培育的花朵。当然它跟上述的那些菊科"兄弟"都有共同的特征，那就是"一朵菊花"并不是一朵花。

每一朵菊花是一个花序，一朵标准的菊花是由周围花瓣一样的舌状花和中心花蕊一样的管状花共同组成的。顾名思义，舌状花就是花瓣长得像舌头的花朵，这些花朵通常只有一片舌状花瓣，雌蕊和雄蕊没有很好地发育；而管状花就不一样了，它们没有靓丽的大型花瓣，只有包裹雌蕊和雄蕊的管子一样的花瓣。

这两种花分工极为明确，周围的舌状花负责吸引昆虫，而中央的管状花专司繁殖。就像一个饭店既有招揽客人的服务员，也有专职烹饪的大厨。这种分工能最有效地利用资源，让花朵投入到生产种子这件大事上去。所以，以菊花为代表的菊科植物共有3.2万多种，为被子植物第一大科，这个问题也就不难理解了。

为了观赏，人们会有意选择那些花朵奇异的个体，特别是舌状花丰富的植株，所以我们在很多绣球状的菊花品种上几乎看不到舌状花了。不过你不用担心，有巧手园丁的嫁接技术，这些菊花不产生种子照样能活下去。

✎ 蜜蜂常被菊花的舌状花吸引。

菊花茶为什么会变绿

菊花不仅能用来欣赏，还能被食用和饮用。老北京的涮肉馆子有讲究，它们只有到立秋之后才开始卖涮肉和烤肉，那时饕客们对美食的期盼，大概不是坐在空调房间里吃重庆火锅的现代人能体会的。

通常来说，涮肉锅就是清汤白水直接涮肉，以取羊肉的鲜甜之味，但金秋时节菊花绽放之时，大厨们会挑选丰满的菊花花瓣撒入沸腾的烫水之中，菊花的清苦和着羊肉的鲜甜，也算让憋屈了整个春天和夏天的老饕们有了舌尖上的慰藉。

至于饮品，菊花中最具代表性的就属杭白菊了，经过精心种植、采摘和烘干之后，微苦的菊花茶不知从什么时候起成为餐馆的一个标准饮品。点菊花茶，一是不会让客人为难，虽然还有普洱、乌龙和碧螺春可选，但总有不好那口的，菊花可谓众口皆宜；二是不让主人的"荷包"为难，比起那些玄乎其玄的普洱茶饼，菊花茶的价格可谓平易近人。于是客随主便，皆大欢喜。

　　不过，有时候会碰到别样的尴尬事，明明刚才还是淡黄色的菊花茶一会儿就变成了绿色，连茶壶中的菊花也变成了蓝色。主人只能质问堂倌，但是堂倌也很委屈，这杭白菊确实是好的。

　　菊花茶变色其实情有可原，因为菊花的花瓣中含有多酚类的物质，这些物质被氧化之后，就会呈现出特别的蓝色，如果水中有特别的金属离子助阵，这种变化会尤其明显。所以变成绿色的菊花茶仍旧是好茶，且喝无妨。

菊花茶有明目养神的功效。

银杏不是一粒果

秋日暖阳之下，与金黄的菊花共同"表演"的还有银杏。那些金黄的银杏叶无论是挂在大树上，还是铺撒在地面上，都能给人以愉悦感。金黄的银杏搭配火红的枫树绝对是秋天最美的景致。

其实在银杏叶变黄之前，银杏的"表演"就已经开始了。

当你和伙伴兴致勃勃地走在银杏大道上时，空气中飘来一股特殊的臭味，那是一种混合了臭鸡蛋和臭橡胶的气味，过往的行人无不想退避三舍。你可以告诉伙伴："这股臭味并不是园丁在施肥，而是银杏果成熟的标志。"这时，也许伙伴会向你投来羡慕的目光。在臭味中疾行，你可以继续给伙伴讲解银杏的那些事儿。

银杏树有一个更出名的别名是白果树。青涩的银杏果的外皮呈绿色，成熟的银杏果的外皮呈黄色，白果之名并非来自这些外皮，而是来自包裹其中的硬壳。我们会不由自主地认为，那些肉肉的、臭臭的就是白果的果皮，里面的白色籽粒是它们的种子。其实，白果并不是真正的果实，包括肉肉的"果皮"在内才是一粒种子。银杏是像松树一样的裸子植物，它们没有真正的花。那我们碰到的这个完整的白果又是什么呢？

实际上，我们看到的一个白果就相当于一粒松子或一颗绿豆，只不过绿豆的外皮只有一层，而白果的外皮有三层。肉质的果皮是种托发育而来的外种皮，白色硬质的为中种皮，紧贴种仁的是内种皮。白果是一颗裸露的种子，银杏是裸子植物。

白果皮为啥是臭的呢？散发臭味的是外种皮，这种臭味是丁酸、己酸、丁酸甲酯和己酸甲酯等物质的混合气味，虽然让人难以接受，但是对野生银杏吸引种子传播者却有重要作用。那臭味恰是红胸松鼠、灰松鼠等动物"开饭"的信号。

你可能会说："我家门前的银

✎ 银杏树形优美，秋季时树叶变黄色，颇为美观。

银杏

中生代孑遗的稀有物种，
系中国特产，
仅浙江天目山有野生状态的
树木。
种子的肉质外种皮含白果酸、
白果醇及白果酚，有毒，
树皮含单宁。

已被掏空白果的
银杏外种皮

味甘略苦

中种皮骨质　　内种皮　　胚乳

外种皮有臭味

杏从来没有臭味，也没有银杏果。"那是因为这些银杏都是雄性的。没错，银杏分雌雄，就像人类分男女一样。只有银杏的雄性花粉被传播到雌性结构上，才会结出银杏果，即白果。

你捡过或吃过白果吗？幸运又能忍受臭味的朋友曾捡来一些白果，我经常被问到这些东西能不能吃。肯定可以吃，但你一定要注意食用方法和用量，因为白果是有毒的。

为了保护自己的种子，银杏在种子里面储备了氢氰酸和白果酸等化学毒药，在著名的白果之乡浙江长兴县，当地的医院记录了大量食用白果中毒的案例。1岁以内的婴儿食用10粒银杏就有生命危险；而3～7岁的儿童在食用30～40粒银杏之后会出现中毒症状，严重时还会死亡。对于耐受力比较低的儿童，尤其应该限定白果的食用量。这一点，你一定要提醒家人。

🍃 植物名片

银杏

拉丁学名：*Ginkgo biloba*
别　　称：白果、鸭掌树、鸭脚子、公孙树
分　　类：银杏科银杏属
常 见 地：古寺、城市路旁等

最特别的银杏叶

咱们回过头再来看银杏金灿灿的叶片。通常，现存裸子植物的叶片都呈针状、条状或鳞片状，并没有我们常见的杨树、樟树那样宽大的叶片。而银杏就是裸子植物中的异类，它们的叶片更像阔叶树等被子植物叶片，而不像松树、杉树等裸子植物叶片。

其实，你只要认真观察银杏叶上的叶脉，就会发现明显的差别。通常被子植物叶片的叶脉只有两种：像狗尾草叶子的平行叶脉，还有像杨树叶子的网状叶脉。但是银杏的叶脉恰恰两种都不是，而是呈二叉分枝形，也就是从主叶脉开始，分成两根，两根分成四根，依次排列下去。这种叶脉在蕨类植物的叶片中非常常见，这从另一个层面反映出银杏这个物种的古老性。

✏️ 银杏叶子的二叉
分枝叶脉是种子植
物特有的。

银杏确实是个古老的物种，它们在地球上生活的时间已超过 2 亿年，从恐龙时代开始，它们就已经矗立在地球上，只不过当地球变得干燥，被子植物繁盛起来之后，大多数裸子植物都退缩到寒冷干旱的高山上去了，只留下银杏这个特别物种留守在中国浙江天目山周边的湿润区域。它们真实地见证了地球的变迁和恐龙的兴衰。

知道这些以后，当你再看到这些高大的树木时，是不是会产生一种特别的敬意呢？

绚烂的红叶"表演"

深秋时节，你在哪里赏红叶？如果你来到北京郊区的香山，会发现来这里的人都是为了一件事——看红叶。但是，在忍受了 2 个小时堵车、3 个小时排队登山、4 个小时排队下山的痛苦磨炼之后，所有人都在抱怨，这山上哪有什么红叶！

在很多人的心目中，香山红叶应该是五角形的红色枫叶，但是香山上的主要红色叶片植物却是黄栌——一种长着卵圆形叶片的植物。黄栌是漆树科黄栌属的植物，我最先注意到这种植物时是因为它们果实的附属物，那些羽毛状的附属物远看就像朵朵飘荡在绿叶之间的红云，煞是美丽。乍看还像一些花朵，细看才会发现，果实已经成熟，"红云"只是果实成熟的标志之一罢了。

当然，随着天气逐渐变冷，它们的叶子也会变得越来越红，为整座山烘托出热烈的气氛。不过，这并不是红叶的"想法"，它们变红只是使自己的叶片"防晒"而已。

从传统植物知识里，我们得到的信息是红叶的红色是在叶绿素被破坏之后才显现出来的颜色。事实恰恰相反，这些红色是新合成的颜色。

当气温过低时，阳光会给叶片带来一些麻烦。低温条件下，植物叶绿体的工作会受到干扰，植物吸收到的太阳光能量无法被即刻转化并固定在碳水化合物中，很多自由基就产生了。这些自由基不仅会干扰植物正常的生理活动，还会破坏叶片的细胞结构，就像细胞中的炸弹。针对这个问题，植物就开始合成大量的花青素，这些花青素的存在能够遮蔽大量的太阳光，或者直接与自由基结合，以达到保护细胞结构的目的。这样就能为叶片进行光合作用争取更多的时间，大大增加营养储备。

不仅黄栌，还有漆树科的很多植物，比如漆树、火炬树等，都有类似的行为。所以"霜叶红于二月花"并不是文人的简单感叹，而是生命的绚烂出演。

植物名片

黄栌

拉丁学名：*Cotinus coggygria*
别　　称：红叶、黄道栌、黄溜子
分　　类：漆树科黄栌属
常 见 地：山坡、庭院、城市路旁等

月板象

十刻印

- 『小伞兵』都是蒲公英吗
- 不是兰花的『兰』
- 吊兰是不是『空气净化器』
- 对抗雾霾的冒牌梧桐

人类有一种特殊的心理现象叫刻板印象，就像我们谈到南极就想到冰雪，说起新疆菜就想到羊肉串，说起植物学总会想到深山老林、奇花异草，以及像野人一样飞奔于山间的植物学家。到了十月，我们也聊聊身边那些带着刻板印象的梧桐、吊兰和蒲公英吧！

对抗雾霾的冒牌梧桐

十月的风寒意渐浓，枝头的叶子被它扫了一遍又一遍，门口的几棵有着"巴掌"叶子的大树就是其中之一。有人把它们称为梧桐，有人把它们称为法国梧桐。这些枝头挂着小球的树木真的是梧桐吗？

这些被称为法国梧桐、英国梧桐和美国梧桐的树木，都是悬铃木家族的成员，因为枝头的小球酷似铃铛而得名。按照每个果枝上悬挂果子的数量，它们分为三球悬铃木（法国梧桐）、

🍂 植物名片

梧桐

拉丁学名：*Firmiana simplex*
别　　称：青桐、碧梧、中国梧桐
分　　类：锦葵科梧桐属
常 见 地：庭院、城市路旁等

二球悬铃木（英国梧桐）和一球悬铃木（美国梧桐）。透过名字，你就能猜到它们的老家是哪里：法国梧桐来自法国；美国梧桐来自北美；而英国梧桐则是法国梧桐和美国梧桐的杂交后代，在英国种植面积很大，被安上了英国梧桐的名号。

真正的梧桐是中国原产的植物。梧桐的叶片为巴掌模样，但是梧桐的成熟果实却如片片羽毛，"羽毛"的边缘还有一颗颗青色的小珠子，这就是梧桐的小种子。只是梧桐的材质轻软，并不如悬铃木那样结实，所以它们一般藏身在庭院之中；而悬铃木凭借高大的个头、宽阔遮阴的树干，以及坚硬抗风的身板成为行道树的不二之选。

其实，法国梧桐给我们的远远不止阴凉，还有清洁的空气。捡起一片法国梧桐的落叶细细摩挲，你就会体验到叶脉上的绒毛。在法国梧桐生长的最初阶段，它们的叶片全身都密密地布满了绒毛，这些毛在显微镜下看宛如星星，因此得名"星状毛"。宽大的叶片加上丰富的星状毛，使法国梧桐的叶子成了良好的灰尘颗粒收集器。它们收集灰尘的能力，甚至强过毛白杨、构树和枫杨这些常绿树。所以，法国梧桐的树冠也在为对抗雾霾尽一份力量，只是法国梧桐为落叶树种，一到冬天它们的叶子就集体休息了。所以，咱们还是尽可能少开一天车，多乘公共交通工具，从源头上为减少雾霾出份力吧。

一球悬铃木

叶常 3 浅裂，稀为 5 浅裂，
头状果序圆球形，单生稀为 2 个。

二球悬铃木

叶上部掌状 3~5 中裂，
有时 7 裂，
球形果序常 2 个串生，
稀 1 或 3 个。

果子

三球悬铃木

叶上部掌状 5~7 裂，稀为 3 裂，
头状果序 3~5 个，稀为 2 个。

法国梧桐的树皮会更换，每年都有老树皮脱落、新树皮长出来，这让法国梧桐像穿了身迷彩服一样。对树木而言，老皮换新皮并不是什么特别的事情。树皮承担着营养元素特别是碳水化合物的运输工作，所以你可能听过一句话——"树活一层皮"，道理就在这里了。为了保证管道通畅高效，植物们会不断制造新的"管道"，这些新的管道就组成了新的树皮。

而原有的老树皮有两个去向：要么脱落，要么贴在树干之上。贴在树干上的老树皮通常会变成厚厚的"铠甲"，就如橡树皲裂的树皮那般，实际上早就失去了运输养分的功能，却还有保护大树的作用。像法国梧桐、白皮松这样的植物，就干脆把老树皮都甩掉了。至于脱皮对这些树木有什么好处，目前还没有公认的答案，如果有兴趣，你可以去研究一下。

植物
名片

三球悬铃木

拉丁学名：*Platanus orientalis*
别　　称：法国梧桐、槭叶悬铃木、净土树
分　　类：悬铃木科悬铃木属
常 见 地：庭院、城市路旁等

法国梧桐的芽是叶下芽,藏在由叶柄膨大而成的"小套子"里。秋游的时候,你可以揪开法国梧桐的一片枝头黄叶,指给小伙伴看:"瞧,法国梧桐的芽藏在这里呢!"小伙伴一定会惊叹你学识渊博呢。

🖉 悬铃木被誉为"行道树之王",世界各地广为栽培。

吊兰是不是"空气净化器"

吊兰是最容易见到的绿植之一，在办公室、商场、饭店、花卉市场、居室等场所，我们总能在不经意间看到它们的身影。它们长着一丛丛兰花模样的叶子，却完全没有兰花那种高昂的身价，花10元钱就能拥有一盆自己的"兰花"，是不是想想还有点儿激动呢？

吊兰的价格"亲民"，最重要的一个原因就是它们实在太好养了，泡在水里也能活。在准备种绿植的时候，人们通常想

🌱 植物名片

吊兰

拉丁学名：*Chlorophytum comosum*
别　　称：垂盆草、挂兰、钓兰、空气卫士
分　　类：天门冬科吊兰属
常 见 地：公园、庭院等

到的就是肥沃的土壤。其实吊兰可不挑
不拣，在非洲老家生长的时候，什么沙
土、腐叶土都可以让它们长得旺盛，只要
土壤有点微微的酸性就可以。那水泡的吊兰
也可以活，这又是为什么呢?

　　实际上植物完全可以借助空气中和水中的
少量矿物质完成生命活动。毕竟矿物质不是植
物需要的主要营养元素，就像我们吃维生素
一样，只要毫克量级就可以满足需求。水分、
阳光和二氧化碳才是它们的大餐，就像我们需
要碳水化合物、蛋白质和脂类物质一样。

　　相对于脏水来说，干净水更有利于这些植物的生
长。这是因为，植物的根也是需要呼吸的，如果缺氧，结果就
只有"挂掉"了。脏水中腐烂的叶片以及藻类会消耗大量的氧
气，会把水里的根"憋死"。所以，你千万别以为植物喜欢脏
的环境，它们只是需要一些矿物质营养而已，给植物浇脏水或
茶叶水，都会把它们浇死。

　　有一段时间，吊兰几乎被认为是净化空气的"神器"，不

管是甲醛还是PM2.5，它们通通可以清理干净。被称为"神器"，恐怕吊兰自己也"感觉"莫名其妙吧。

其实，吊兰的功力并没有那么强，其处理甲醛的平均速度是1平方米大的叶片每小时处理0.15毫克的甲醛，一株吊兰的叶面积通常不足0.1平方米。也就是说，一棵吊兰1天之内能处理的甲醛总量只有0.36毫克。面积为100平方米、层高3米的居室内，如果甲醛浓度是0.5毫克／立方米，甲醛共150毫克。要使甲醛降到安全标准0.1毫克／立方米以内，我们就需要至少清除120毫克甲醛，这棵吊兰需要辛辛苦苦工作334天。当然，如果家里的空间非常大，足以改造成植物园的模样，来个四五十盆吊兰净化空气也还算靠谱。

不是兰花的"兰"

你见过吊兰开花吗？

是啊，很少有朋友注意到吊兰会开花，甚至压根就不认为它们能开花。事实上，吊兰真的能开花，只是这些一角硬币大小的小花很少被人注意。如果你凑近吊兰仔细看，会发现它们那6片薄薄的白色小花瓣中，有6根细细的雄蕊顶着黄色的花药。

虽然吊兰名中有"兰"，甚至它们的叶片都与春兰、蕙兰和

植物名片

春兰

拉丁学名：*Cymbidium goeringii*
别　　称：葱兰、朵兰、扑地兰、幽兰
分　　类：兰科兰属
常 见 地：山坡、林缘等

🖊 吊兰的顶端会长出袖珍吊兰。

墨兰这些中国传统国兰一个模样，但其花朵的形状和香味却大相径庭。所以，吊兰只是占了"兰"字之名，并不是兰科植物家族的成员。兰科植物家族成员最大的特点是雄蕊和雌蕊结合在一起，构成了一个叫"合蕊柱"的结构。吊兰没有这个结构。

　　虽然吊兰没有精致的花朵，但这并不妨碍它们拥有细致的繁殖过程。我们看到的那些从花盆里伸出来的枝条，其实就是吊兰的花序轴。只是这些本应承载花朵的平台并不安于本职，它们的顶端会长出缩小版的吊兰，根、茎、叶俱全。这些袖珍吊兰一旦有机会接触土壤，很快就能长成大吊兰。正是因为这种特殊的快速繁殖能力，吊兰在绿植界占据了不可撼动的地位。毕竟相对于好看，居家植物更要好养。

　　对了，再有人将吊兰和兰花混为一谈的时候，你可以郑重地告诉他："吊兰根本就不是兰花，它是天冬门科植物。"

"小伞兵"都是蒲公英吗

你是不是一看到带着毛毛的植物种子，就会下意识地觉得这是蒲公英？但事情并没有这么简单。

到了夏末时节，北京路边的篱笆上就会多出很多牵牛花模样的藤子。它们有心形的叶片，缠绕树枝和篱笆而上的藤子真的跟圆叶牵牛的藤子有几分相仿，不过这些藤子不会绽放出喇叭状的花朵，它们的花朵更像披挂长毛的海星，它们就是萝藦。

萝藦的分布区域很广，在东北地区、华北地区和华东地区，以及甘肃、陕西、贵州、河南和湖北等省都能见到。作为萝藦属的代表，萝藦自然会有萝藦属的典型特征：首先其茎叶中都有白色乳汁；其次花瓣有 5 个裂片；再次具有萝藦属典型的牛角状蓇葖果。值得注意的是，萝藦的果子表面有很多疣状凸起，并不光滑。

相对于萝藦的花朵，我觉得还是它们的果子更有代表性。这些果子在幼嫩的时候，里面的种子是可以吃的。当然，这些种子并不是什么美味，所以尝试的人并不多。

我们更熟悉的还是它们成熟的模样——一个个像蒲公英一样的"小伞兵"。我们碰到萝藦的种子的时候，总会下意识地寻找周围有没有蒲公英，因为二者太像了。你只要注意观察，就会发现萝藦的"小伞兵"与蒲公英的"小伞兵"有所区别。萝藦的"小伞兵"是种子，降落伞一样的种毛直接与种子相连；而蒲公英的"小伞兵"是完整的果实，瘦果与冠毛之间有"喙"相连。而且，蒲公英的绒毛像小伞，萝藦的绒毛像头发。

 萝藦（左）的"小伞"长在种子头上，蒲公英（右）的"小伞"长在果子头上。

萝藦

拉丁学名：*Metaplexis japonica*
别　　称：老鸹瓢、羊角、斫合子、白环藤
分　　类：夹竹桃科萝藦属
常 见 地：荒野疏林、路旁灌木丛等

　　与萝藦同期开花的还有另外一种萝藦科的植物——鹅绒藤。这种植物的花朵和果实比萝藦更纤细。鹅绒藤的花朵像扭曲的五角星，花瓣上也没有萝藦花瓣上那样的毛。鹅绒藤也会释放出带"小伞"的种子，如果碰见这样的绒毛，千万不要再叫它们蒲公英了。

　　萝藦科植物通常有毒，如果你在野外看到它们，要尽量避免近距离接触，特别是不要去尝它们诱人的乳汁。

十一月
生机

我们都喜欢一个词：生机。缠绕钢架而上的藤萝，让废弃的厂房露出新生的痕迹；沙漠中一丛摇曳的棕榈树，能激起旅者生的欲望。你看，能让场所生机勃勃的自然还得是植物。植物不仅能提供吃穿，还让我们的心灵不再孤单，生机大概因此而生。

神奇的断肢再生术

不知从什么时候起，叶子和生命就紧密联结在了一起，那应该远远早于人类开始行走的年代。

十一月的寒风瑟瑟地扫过地面，北方大地逐渐枯黄，干草在寒风中随意摆动着身体，大树也脱下绿叶深深地睡着了。不过即便在最寒冷的地方，窗台上也会透露出一抹绿色，一些带着心形叶片的绿色藤蔓从花架上、书柜上、空调上垂下来，让整个居室霎时间有了春天的生气。

你有没有察觉绿萝开始侵占吊兰的领地了？商场中、居室内、咖啡厅里，绿萝的出场频率都越来越高。虽然都是藤蔓，也都可以在空中生长，但绿萝和吊兰的差异还是蛮大的。绿萝是天南星科植物，跟我们常吃的芋头和魔芋是同科。再者，绿萝的老家在东南亚一带，它们来中国的路比吊兰从非洲过来要近一些。

不过最让绿萝"自卑"的是，吊兰还能时不时地开个花，绿萝几乎从来不把自己的花朵展示出来。这不由得令人怀疑，这种植物究竟是不是显花植物？它是不是蕨类植物派出的"间谍"呢？

还好，绿萝有自证清白的时候，只是极少罢了，至少到现在我没有见过。你可能会问，既然不会开花结果，那么多绿萝难道是从天上掉下来的吗？

对很多植物而言，不能开花结果简直就是灭顶之灾，但是这对绿萝而言根本就不是问题。随意从既有的绿萝上面摘取一段茎，泡在清水之中，用不了多久它就能长成完整的植株。

其实很多植物都有这样的再生能力，因为它们的细胞和组织拥有全能性，比如月季的茎秆、带芽的土豆块、随意插在地上的柳条。可人类就不行了，别说是缺了胳膊和手指，就算是严重皮肤破损都很难完全恢复，更不用说从一节手指变成一个人了。虽然 2012 年的诺贝尔生理学或医学奖得主山中伸弥发现了人类细胞变个体的钥匙——人工诱导干细胞，但是要将其实现运用，还有很长的路要走。

植物发挥细胞的全能性就很简单了。只要条件合适，即便只有一个植物细胞，它也可以长成一棵小草或一棵参天大树。理论上讲，所有生物的细胞都包含了建筑一个完整生物体的蓝图，可惜以人类为代表的哺乳动物几乎丧失了完全恢复的能力。在诸多科幻电影中，科学家还在设想克隆人类的情节，而植物早就开始自我克隆了。

很多科学家正是利用了植物能够克隆的特性，完成了很多艰难的任务。比如，通过培养植物幼嫩的茎获得大量种苗，从而实现农作物新品种的迅速推广，达到抵御病虫害、提高产量等目的。你在家中也可以克隆一下绿萝呢。

植物名片

绿萝

拉丁学名：*Epipremnum aureum*
别　　称：小绿、魔鬼藤、黄金葛
分　　类：天南星科麒麟叶属
常 见 地：庭院、公园等

晒太阳还是不晒太阳

你家的绿萝摆在什么地方？

如果绿萝被放在阳光充裕的窗台上，没多久，绿萝叶子就会失去金黄的斑纹，甚至变成惨淡的白色；如果绿萝被放在阴暗一点的地方，不用多长时间，绿萝会变成光杆一条，半死不活。养绿萝真是个技术活啊。

我们通常认为，植物有光能够进行光合作用就可以生长，殊不知光照不对，也会害死植物，因为不同植物对光线的需求不一样。

像苔藓、凤尾蕨、秋海棠等植物，原本就生活在阴湿的环境中，可称喜阴植物。这些植物的特别之处是叶片比较宽大，叶色也更绿，甚至在叶子背面还有反射光线的红色色素层，这都是为了更好地利用环境。因为不需要考虑缺水的问题，所以它们的叶子没有角质层保护，显得更薄更柔软。

而像仙人掌、大戟、云杉等喜欢阳光的植物就完全是另一副模样，这些喜光植物通常都有很厚的角质层来保存水分，所以它们的叶片更厚一些，一切都是为顶住炎炎烈日而准备的。

绿萝恰恰处于两者之间，需要大量的阳光，但又要避开阳光的直射。这种习惯是它们在原生地养成的，因为缠在热带雨林的树干上和岩石上获得的光照就是这个样子。因此，我们最好把绿萝放在有充足散射光的地方，简单来说，靠近窗户的平台就可以。

好了，现在把你家的绿萝移到合适的地方吧。

✎ 有些植物喜欢充足的散射光。

红色的绿豆汤

冬天并不适合植物生长。但是在温暖的屋子里，种子萌发并不是难事。如果你会发点豆芽，做些小菜，也能为寂寞的冬日餐桌增添几分生机呢。绿色带给人的不仅仅是生长的气息，还有生存的必需。

绿色豆子看起来就让人感觉有生气，冬天吃麻辣火锅的时候，配上点绿豆粥再合适不过了。不过，煮绿豆粥的时候你就会发现，那锅粥并不是绿色的，而是红色的，这又是为什么呢？

绿豆皮的绿色来源于绿豆种皮里的叶绿素，这些色素可以让汤水变成绿色。但遗憾的是，叶绿素很难溶解在水中，所以不能为绿豆粥增加浓浓的绿色。其实，真正影响绿豆粥颜色的是里面的酚类化合物。

在烹煮过程中，绿豆中含有的多酚类物质被氧化，同时结合形成了红色物质。这个氧化过程和水中的金属离子浓度，以及与氧气的接触情况有关。

如果你想得到一锅绿色的绿豆汤，不妨试试用纯水和不锈钢高压锅来煮制。当然了，煮出来的绿豆汤要及时喝掉，否则在空气中汤很快也会变红的。

植物
名片

绿豆

拉丁学名：*Vigna radiata*
别　　称：青小豆、菉豆、植豆
分　　类：豆科豇豆属
常 见 地：农田等

陶罐里的豆芽菜

除了整粒烹煮，绿豆芽是绿豆在餐桌上的另一贡献。30 多年前，冬天的餐桌几乎被土豆、萝卜、大白菜统治着，在漫长的冬天里，绿豆芽简直就是拯救人类味蕾的天使。

自制绿豆芽不难，首先用约 55℃ 的热水把绿豆浸泡半个小时左右，然后把它们放在避光的罐子或盆里（陶土质地的最佳），最后在开口处蒙上一块纱布。在之后的几天里保持绿豆的湿润，不出一周时间我们就能吃上自制的豆芽菜了。将其汆烫之后加葱末、姜末、精盐、白醋，然后浇入现炸的花椒油，简直就是冬日美味。脆爽的豆芽在唇齿之间汁水四溢，令人倍感清爽。据说把绿豆芽掐头去尾，能获得更好的口感，这种绿豆芽有"如意菜"之称。那么，怎样才能让如意菜更长呢？

这个被美食家最珍视的"如意"部位，实际上是绿豆幼苗的胚轴。绿豆幼苗有几个重要的部位，首先是顶端的胚芽。在我们吃绿豆芽的时候还能感受到绿豆瓣，那就是子叶了，而那几个黄色的还未展开的小叶子，才是未来真正的叶子。其次为豆芽菜的下端慢慢伸出根毛的胚根，它们负责为幼苗提供水分。最后是胚芽和胚根之间的胚轴，它们是未来的茎秆，是重要的桥梁，把胚芽和叶子尽快送到地面是它们的重要任务。在黑暗的条件下，胚轴就会一直伸长，所以我们要在黑暗的条件下生产绿豆芽。

绿豆芽不光为我们提供了口感清爽的冬日小菜，还可以为我们提供应急的维生素 C。有趣的是，干绿豆几乎不含维生素 C，当绿豆萌发的时候，维生素 C 就出现了，并且一度可以达到 0.21 毫克／克，这样高的含量已经可以满足我们日常所需了。

传统观点认为，维生素 C 可以帮助植物对抗干旱、强烈紫外线暴晒等严酷的环境，是植物体内的"救火队员"。2007 年，英国埃克塞特大学的

无光条件有利于胚轴伸长，所以才有了"捂豆芽"这种技术。

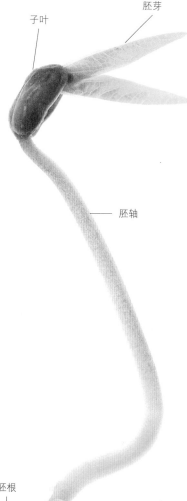

子叶

胚芽

胚轴

胚根

一项研究表明，维生素 C 还对植物的发育具有更重要的作用，可以消灭光合作用的有害产物。那些维生素 C 合成出问题的植物，竟然不能正常发育。维生素 C 在植物中的更多作用，还在被逐步解密。

不管怎么说，生存在明和暗之间的绿豆芽做好了两手准备，伸长的胚轴及合成维生素 C 都是为了迎接即将到来的、充满生机的春天。

土豆发芽了怎么办

有些植物发芽，让我们感觉生机勃勃，但是有些植物发芽却会让我们伤透脑筋。这不，我们家厨房里的那堆土豆又发芽了，这可怎么办呢？

其实土豆是不是危险，跟有没有发芽和有没有光照没有直接联系。只要温度足够高，土豆就会合成大量的龙葵素。在25℃的无光条件下，将土豆储存20天，其龙葵素含量可以从0.03毫克/克上升到2.22毫克/克，含量增加了70多倍。虽然这样的含量只有光照条件对照组的一半，但也远远超过安全标准了。

在这里给你提个醒，千万不要吝惜那些麻嘴的土豆，因为龙葵素的毒性很强，它们的工作原理是抑制胆碱酶的活性，让人体积累过多的乙酰胆碱，这种物质会让我们的神经过度兴奋。人食用龙葵素含量超过0.2毫克/克的土豆，就会引发恶心、呕吐、腹泻等症状；如果人一次吃下这种土豆过多，还会引发抽搐、昏迷，甚至危及生命。所以，看在土豆不是奢侈品的份儿上，还是不要冒这个风险了。

土豆被认为是营养丰富的"地下苹果"，受到世界各国人民的共同喜爱。但是你可能会惊讶，不同国家的人对发芽土豆的处理方式完全不同。中国人会说："土豆发芽快点丢掉。"欧美的朋友却会说："没关系，挖掉芽还可以吃啊，我们从小就吃这样的土豆。"到底谁对？

细想了一下，其实这跟处理土豆的方法有关系。国人处理土豆菜肴的方式以爆炒和蒸煮居多，但是欧美国家的土豆菜肴通常是通过炸和烤而成。

这些处理方法的区别不仅反映在口味上，还表现在烹饪温度上。炸和烤的温度显然要高于蒸和煮。而土豆中的龙葵素，恰恰是耐热的毒素，普通蒸煮根本分解不了。龙葵素在高温条

土豆是块茎，有固定的芽眼；红薯是块根，没有固定芽。

植物名片

阳芋

拉丁学名：*Solanum tuberosum*
别　　称：马铃薯、土豆、山药豆、洋芋
分　　类：茄科茄属
常 见 地：农田等

件下比较稳定，100℃的水温几乎不会使其受到破坏，150℃的油炸温度也对其无能为力，只有当温度升高到170℃以上的时候，龙葵素的"防线"才开始松动。

用210℃高温油炸土豆持续10分钟，就可以去除其40%的茄碱。所以，用煎炒的方式加工土豆，还是要安全很多；用微波方式烹饪土豆，也可以让其茄碱含量减少15%。

你看，烹饪方式的不同，也决定了人类对待发芽土豆的不同态度。

科学家给孩子的12封信

第 **12** 封信

家门口的植物课

十二月符号

- 全能饲料牧草
- 扑克牌上的『梅花』
- 冒牌兰花的跌宕生涯
- 不甘寂寞的圣诞红叶子

冬天的符号是什么？你可能会说："雪花啊！梅花啊！"你看，我们身旁的植物也时常会被符号化，比如炽热的玫瑰、暖暖的郁金香、漫天飞舞的樱花花瓣……当我们尝试读懂这些符号的时候，那些有趣的故事就会奔涌而出，在叶片和花瓣之上洒满人类曾经的情感。

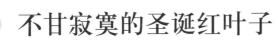

不甘寂寞的圣诞红叶子

　　十二月，一个让人郁闷又让人兴奋的月份。郁闷的是所有的法定假日都已经用完，兴奋的是我们可以看到元旦和春节的"身影"了，况且还有"漂洋过海"而来的圣诞节。

　　圣诞节的标志就是红和白的组合，圣诞老人的红外套和皑皑的白雪是圣诞节再好不过的注解。只是白雪不常有，圣诞老人也很难遇到。我们生活中需要更实际的节日标记，所以各种圣诞花卉都一股脑地冲到了台面之上。圣诞树自不用说，那是

植物
名片

一品红

拉丁学名：*Euphorbia pulcherrima*
别　　称：圣诞花、老来娇、猩猩木
分　　类：大戟科大戟属
常 见 地：绿化带、公园等

传统的标志，但是对大多数国人来说，在家里摆上一棵圣诞树并不现实，大家越来越熟悉的是一种叫圣诞红的小花。

圣诞红的大名是一品红，这种大戟科的植物因有宽大的红色"花瓣"且又在圣诞节期间开花而得名。但是，如果仔细观察你就会发现，这些红色"花瓣"并不像玫瑰、百合之类的花瓣那样紧紧联合在一起，倒像是长在枝头的叶片次第交错。再细看，你就会发现这些"花瓣"跟圣诞红上的其他叶子外形很像，甚至连上面的叶脉纹路都一模一样，其实它们根本就是正常叶片的红色"版本"。

不用奇怪，这些"花瓣"就是圣诞红的一些特殊叶子。真正的小花远没有这些叶子漂亮，那些绿色的小花就安安静静地簇拥在红色叶子的中央，看起来倒像是红色叶子的配饰了。这样的安排并非无意而为，而是为了更高效地繁殖后代。

植物开花的唯一目的就是结果，依靠风和水传播花粉的植物，比如毛白杨和狐尾藻，不用考虑太多"美丽"的事情，反正它们有海量的花粉可以挥霍，过着"广撒网、撞大运"的生活。可是还有很多植物是依靠动物来传播花粉的，它们会给动物一定的"报酬"，让动物们饱餐花粉或花蜜。这看起来很自然，但事实并非如此。就像现在手机应用开发者还要在街头做扫码优惠推广活动，花朵这个"雇主"也需要"吆喝"才能招揽传粉的动物。通常这个招揽的任务就落在了花瓣的身上，月季、百合的花瓣就承担了这种使命。

这时问题就出现了。花瓣除了招蜂引蝶，还要保护幼嫩花蕊。但是花朵完成授粉之后，花瓣的工作就会戛然而止，随风落地化为泥土。"化为春泥更护花"只是诗人的美好愿景，对于植物来说，这是一笔非常大的"支出"，势必会"瓜分"它在种子身上投入的资源。可是如果不"壮大"花瓣，又招引不到虫子，毕竟有很多花朵都在争抢传播花粉的"劳动力"。更要命的是，蜂类和蝶类的眼神都不太好，要是招牌不够大，根本无法从远处吸引它们。你看，植物界的生存是不是也很残酷呢？

聪明的植物自然有解决的办法，比如菊花就把很多小花聚集在一起，发挥"人多力量大"的优势来吸引传粉的动物。还有一些植物制作了专门的招牌，就像圣诞红的"红花瓣"，这样一

一品红最艳丽的部分是苞叶。

来，每朵小花就不用再准备自己的花瓣，而是靠统一的标志物来招蜂引蝶。这些硕大的假花瓣会把蜜蜂和蝴蝶从很远的地方招引过来，待到它们靠近花朵，自然能找到那些真正的小花了。

有如此本领的植物在自然界并不鲜见，比如三角梅和玉叶金花也是此中高手。紫茉莉科的三角梅的红色苞片也被视为特化的叶片，处于苞片中央的是有乳白色花瓣的小花。同圣诞红一样，茜草科的玉叶金花的萼片也是一副叶子模样，只不过变成了纯白色，而在这个叶片之旁才是真正的像金色五角星的小花。玉叶金花也因此得名。不同的植物类群里都有类似的符号，咱们只能感叹自然选择的鬼斧神工！

有一点请你小心，同绝大多数大戟科植物一样，圣诞红的乳白色汁液是有毒的，容易引起中毒和过敏症状。所以，如果家里有圣诞红，你一定要提醒家人避免接触和误食它的汁液。我们享受花朵带来的热烈节日气氛的时候，还需要注意安全。

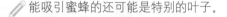 能吸引蜜蜂的还可能是特别的叶子。

冒牌兰花的跌宕生涯

十二月的北方户外很少能见到花朵了，室内的花朵便成为人们的宠儿，恰在此时绽放的君子兰自然备受青睐。君子兰的故事可远比你想象的更为丰富。当绝大多数植物都默默无闻地存在于人类社会中时，有些植物则成了一个年代的符号，君子兰就属于后者。

你养过君子兰吗？在我五六岁的时候，父亲曾经端回一盆花，安放在铁架之上，大有藐视家中其他花草的架势。说实话，这盆花一点儿都不好看，三指宽墨绿色的带状叶子，透出的只有"憨厚"劲儿，完全没有美感，更别提它在我家根本就没开过花。后来才知道，这盆总是不开花的"神草"就是君子兰。这种叫"兰"不是兰的植物，也曾在中国掀起一场类似欧洲郁金香热的风潮。

1636～1637年，荷兰出现了一股求购郁金香的热潮，人们竞相追逐各种奇特的郁金香品种。当时，天价郁金香种球比

君子兰

拉丁学名：*Clivia miniata*
别　　称：大花君子兰、大叶石蒜
分　　类：石蒜科君子兰属
常 见 地：公园、植物园等

比皆是，有的种球甚至能换得一套在阿姆斯特丹核心区域的公寓。这种郁金香热还催生了最早的期货交易，在不知道休眠状态的郁金香会开出什么花朵的时候，大家就已经完成了交易。

类似的一幕在 20 世纪 80 年代的中国也曾上演过，只不过主角由郁金香变成了君子兰。1985 年，一股君子兰热从东北长春开始迅速席卷全国，这种默默无闻的花朵经常被哄抬成"神花"，还出现了一盆君子兰换一辆轿车的奇景。要知道，那个年代的轿车可是相当于现在的游艇和私人飞机。我们不去讨论这背后的原因，先来近距离接触一下这种植物吧。

君子兰虽然名中有"兰"，但是它跟真正的兰花并无关系。真正的兰花花朵大多两侧对称，雌蕊和雄蕊通常会结合成一个叫"合蕊柱"的柱状结构，同时还拥有一个特别的唇瓣，认准这些特征，你就很容易辨认出真假兰科植物了。君子兰是典型的石蒜科植物，6 片辐射对称的花瓣、6 个雄蕊、1 个花柱和花朵下方的子房都说明了其身份。君子兰和我们比较熟悉的韭兰、葱兰和朱顶红都是石蒜科的代表。

君子兰和兰花的共同特点是开花难。当我在肯尼亚看到君子兰的时候，我惊异极了——那些被当作绿篱种植的君子兰居然在开花！这也难怪，君子兰本来就是从非洲大陆来的，在老家开花再正常不过了。所以君子兰开花是需要适当条件的。

君子兰的老家冬无严寒，夏无酷暑，光照充足，所以它养成了一副娇滴滴的模样。搬家到中国，它不适应天气是肯定的。君子兰适宜的生长温度是 15~25℃，如果将其抛在露天环境中，君子兰连生长都勉强，又谈何开花呢。要想让君子兰开花，就必须将温度控制在这个范围之内。如果温度低于 5℃或高于 30℃，君子兰都会停止生长。另外，君子兰还喜欢光照，如果总是被摆在书案之旁不见阳光，无论如何它也不会开花的。

看到君子兰的花朵，你是不是也会联想到百合？这也难怪，石蒜科的花朵确实容易与百合科的花朵"搅和"在一起，让人难以区分，因为它们有相同的花瓣和花蕊，连柱头和雄蕊的结构都是一样的。核心的区别在于，像君子兰这样的石蒜科花朵的子房在花瓣外侧，植物学家称之为子房下位，而百合的子房是在花瓣

🖊 百合（左）和君子兰（右）的主要区别在于花朵子房位置不同。

内侧，即子房上位。这样就很容易区分君子兰和百合了。

　　君子兰作为一个时代的符号已经被写在历史之中，后来又出现了兰花热、核桃热、红木热，以及今天的香木热，各种植物还会不断以新的姿态出现在我们的生活之中。在人类猎奇心和资本运作的结合下，必然会有神奇植物脱颖而出，下一个"走红"的符号植物又是哪个呢？我们拭目以待。

🍃 植物名片

百合

拉丁学名：*Lilium brownii* var. *viridulum*
别　　称：山百合、香水百合、天香百合
分　　类：百合科百合属
常 见 地：山坡、村旁、公园等

扑克牌上的"梅花"

　　你玩过扑克牌吗？告诉你吧，扑克牌里的"黑桃"可不是黑桃，而是代表和平的油橄榄。你可能已经猜到了，扑克牌里的"梅花"也不是梅花，它确实没有梅花的 5 个花瓣。没错，扑克牌里的梅花是通常被称为三叶草的车轴草。

　　对比扑克牌上的梅花和现实中的三叶草，你会发现，这才是相对应的实物和符号，并且梅花图案的含义就是"幸运"，这也是三叶草本来的含义。只不过这个图案更像我们熟悉的简化版的梅花团，一来二去，它就被称为梅花了。

　　根据《中国植物志》的记载，车轴草属植物约 250 种，分布于欧亚大陆和非洲，以及南美洲、北美洲的温带，以地中海区域为中心。中国并不在它们的分布范围内，目前在中国常见引种栽培的有 13 种，其中一种为变种。所以，以往我们并不熟悉这种植物，发生上述误会也就不奇怪了。

　　今天，车轴草已经成为城市草坪的主力成员，形似风扇

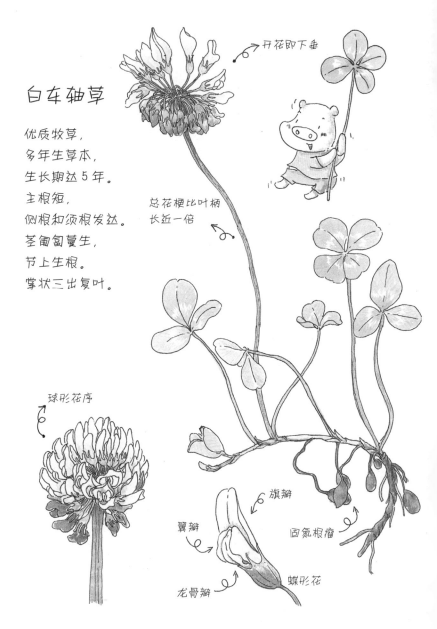

白车轴草

优质牧草,
多年生草本,
生长期达5年。
主根短,
侧根和须根发达。
茎匍匐蔓生,
节上生根。
掌状三出复叶。

开花即下垂

总花梗比叶柄
长近一倍

球形花序

旗瓣

翼瓣

龙骨瓣

固氮根瘤

蝶形花

204

的叶子，以及叶片中部明显的白色条纹，都是车轴草身份的标记。我们常见到的主要是白车轴草和红车轴草，虽然它们的花朵形态有所不同，但是叶子的形状基本类似，不开花还真的很难区分它们。

在车轴草开花的时候，草地上会冒出一簇一簇的花朵。如果你细看这些花朵，会发现它们同我们熟悉的国槐、刺槐和紫云英的花朵有几分神似，因为它们都是豆科家族的成员，有一样的花朵也就不足为奇了。

全能饲料牧草

　　车轴草有着超强的再生能力和营养生长能力，它们可以通过匍匐生长的茎扩张自己的地盘，短时间内就能产生可观的饲料。你可能不知道，车轴草叶片中含有各种营养，所以它特别适合作为各种食草动物的饲料大量种植。

　　车轴草本身还携带有重要的肥料"生产工厂"——根瘤。与其他大多数豆科植物一样，车轴草能够与根瘤菌亲密合作，车轴草为根瘤菌提供住所，根瘤菌通过合成氮肥来供应车轴草生长所需的营养。正因有了这个亲密的盟友，车轴草才可以在各种肥沃或贫瘠的土壤中生存，并且对改良土壤也有很大的帮助。

　　不仅如此，那些鲜嫩的叶片也可以作为新鲜蔬菜被人类端上餐桌。车轴草中的大豆异黄酮还被研究人员盯上了，这种植物雌激素类物质对调节人体的激素系统有潜在的利用价值。相关产品仍然在开发过程中，你可千万不要为了养生而去吃三叶草。

　　在生活中，我们还能碰到不同样子的三叶草，对很多朋友来说，酢浆草才是标准的三叶草形象。这种草因为含有酸味的汁液得名"酢浆草"，只是很多朋友并没有亲口尝试它们的滋味罢了。我们更熟悉它们或大或小、或绿或紫的三叶草叶片。跟白车轴草一样，酢浆草也有四小叶的个体，那也是很多朋友寻找的四叶草。

　　酢浆草还有一个好玩的特征，就是成熟的果实会在被触碰的时候突然爆裂，把里面的种子一股脑地弹射出来。

　　再说到田字萍，它就是标准的四叶草了，这种通常漂浮在水上的叶片，特别像汉字中的"田"字，因而得名。它们可在水景园林浅水、沼泽地中成片种植，希望它们真的能为我们带来幸运。

植物名片

白车轴草

拉丁学名：*Trifolium repens*
别　　称：三叶草、荷兰翘摇、白三叶
分　　类：豆科车轴草属
常 见 地：山地、灌丛等